Die

Neugestaltung unserer Weltansicht

durch die Erkenntniß der

Idealität des Raumes und der Zeit.

Eine allgemeinverständliche Darstellung

von

Hugo Sommer,
Amtsrichter in Blankenburg am Harz.

Berlin.
Druck und Verlag von G. Reimer.
1882.

Vorrede.

Erst durch Lotze's scharfsinnige Untersuchungen wurde die Kant'sche Lehre von der Idealität des Raumes und der Zeit in einer Weise ergänzt und vervollständigt, welche deren practische Consequenzen zu ziehen gestattet.

Kant gebührt zwar das unsterbliche Verdienst, den subjectiven Ursprung der Raum- und Zeitanschauung erkannt zu haben, aber er irrte darin, daß er diesen Anschauungen auch ihrem Wesen und ihrer Bedeutung nach nur einen rein subjectiven Character und rein subjective Geltung beimaß. Durch diesen verhängnißvollen Irrthum verdunkelte sich in seiner Auffassung die Hauptfrage: „Was das Sein der Dinge im Raume und das Geschehen der Ereignisse in der Zeit bedeute; das heißt, wie es komme, daß uns alle Dinge an bestimmten Orten im Raume vertheilt erscheinen, und daß alle Dinge in bestimmter Zeitfolge geschehen?" Erst Lotze ist es gelungen, uns über diese von Kant ganz offen gelassene Hauptfrage in befriedigender Weise aufzuklären, und dadurch die Lehre von der Idealität des Raumes und der Zeit zu einem practisch verwerthbaren Bestandtheile unserer Erkenntniß zu machen, denn erst nachdem uns die wahre Bedeutung jener Anschauungen und der ihnen zu Grunde liegenden räumlichen und zeitlichen Beziehungen, und zugleich die übergreifende objective Geltung offenbar geworden ist, welche jenen Anschauungen und Beziehungen trotz deren idealen Ursprungs innewohnt, können wir die Erkenntniß der Idealität des Raumes und der Zeit mit den Ergebnissen unserer practischen Lebenserfahrung überhaupt in Einklang bringen und nun auch die tiefgreifenden concreten Veränderungen ermessen, welche die bisherige Auffassung der Dinge und Ereignisse dadurch nothwendig erleiden muß.

In der That ergeben diese Untersuchungen, wenn wir sie consequent nach allen Richtungen bis zu Ende führen, eine völlige Neugestaltung unserer ganzen Weltansicht.

Indem ich in der vorliegenden Schrift diese Neugestaltung unserer Weltansicht im Zusammenhange darzulegen suche, pflücke ich daher nur eine reife Frucht, welche durch die Forschungen Lotze's gezeitigt ist. Es ist das eine Frucht, welche nicht blos für Fachgelehrte gewachsen, sondern welche bestimmt ist, die Weltansicht des ganzen Volks auf eine Höhe zu heben, wo das Evangelium des Idealismus zur Wahrheit wird, daß „nur das Lebendige wirklich, und alle Weltwirklichkeit nur aus den Zwecken und Werthen des Lebens verständlich ist."

Eben deshalb wende ich mich in dieser Schrift auch nicht blos an Fachmänner, sondern an alle, denen Aufklärung über die höchsten Lebensfragen aufrichtig am Herzen liegt, und ich bin zum Voraus überzeugt, daß alle, welche die Mühe nicht scheuen, sich das dargebotene Resultat der Lotze'schen Forschung gewissenhaft anzueignen, reichlich belohnt werden durch die innere Befreiung und Klarheit, welche diese Einsicht in den wahren Sachverhalt gewährt.

Denn der alte Glaube an die Realität des Raumes und der leeren Zeit bildet eine Schranke, welche der wahren Auffassung des Lebens und des ganzen Weltprocesses hemmend entgegensteht, eine Schranke, welche durchbrochen werden muß, wenn man zu einer den Bedürfnissen des Gemüths und den Ergebnissen der Wissenschaft gleich entsprechenden Weltansicht gelangen will.

Solche Einsicht in den wahren Sachverhalt wird, wie ich gleich hier bemerke, in dem Augenscheine, welchem wir im täglichen Leben alle huldigen uud stets huldigen werden, keine störende Veränderung hervorrufen, aber sie wird die Festhaltung und Benutzung dieses Augenscheins fortan nur als eine höchst zweckmäßige, ja unentbehrliche Abbreviatur gelten lassen. Wie wir im täglichen Leben stets noch vom Aufgang und Untergang der Sonne reden, aber trotzdem den wahren Sachverhalt und die dadurch hervorgerufene Bereicherung unserer Auffassung des physischen Weltalls nebst allen ihren practischen Consequenzen ohne Bedenken anerkennen, so werden wir auch, nachdem wir die Idealität des Raumes und der Zeit erkannt haben, uns nach wie vor in unserem practischen Leben im Raume und in der Zeit zu bewegen scheinen, aber doch im Stillen das Bewußtsein und den Segen der viel tiefgreifenderen Bedeutung bewahren, welche die Erkenntniß der Idealität des Raumes und der Zeit für die Gestaltung unserer Weltansicht im Ganzen mit sich bringt.

Durch solche Neugestaltung unserer Weltansicht wird, und dies ist zunächst ihr wichtigster und bedeutsamster Erfolg, dem Materialismus der letzte Halt entzogen, und für die wahre idealistische Auffassung des Lebens der rechte Boden gewonnen.

Um dies recht anschaulich zu machen, und zugleich den philosophisch weniger geschulten Lesern durch Anknüpfung an eine das allgemeine Interesse noch immer lebhaft beschäftigende Streitfrage die vorbereitenden Gesichtspunkte für die nachfolgende Darstellung zweckentsprechend zu erläutern, habe ich im ersten Abschnitt den Gegensatz der beiden einander widerstreitenden Weltansichten des Materialismus und des Idealismus kurz und bündig darzulegen versucht. Ich muß dabei wegen theilweiser Wiederholung der bereits im Kapitel 6 Theil II meiner fast gleichzeitig verfaßten Schrift „Ueber Wesen und Bedeutung der menschlichen Freiheit &c.“ (Berlin. G. Reimer 1882) enthaltenen Polemik gegen den Materialismus um Entschuldigung bitten. Eine einfache Verweisung auf jene, einem großen Theile meiner Leser voraussichtlich nicht einmal bekannte frühere Darstellung konnte hier um so weniger genügen, als das Gesagte im Zusammenhange des Ganzen unentbehrlich ist, und es war mir nicht möglich, inzwischen einen anderen besseren oder auch nur gleich zutreffenden Ausdruck dafür zu finden.

In einem zweiten vorbereitenden Abschnitte über „die Reformbewegung des Kriticismus“ habe ich die Hauptdifferenzpunkte der Kant'schen und Lotze'schen Auffassung im Ganzen entwickelt, da deren Kenntniß für das Verständniß des im dritten und vierten Abschnitte enthaltenen Hauptgegenstandes meiner Darstellung unerläßlich ist.

Möge auch diese Schrift dazu beitragen, das schöne Vermächtniß der Lotze'schen Philosophie dem Herzen und dem Gedankenkreise unseres Volkes näher zu rücken.

Blankenburg am Harz, am 2. September 1882.

Der Verfasser.

Inhalt.

Zweiter Abschnitt.

Die Reformbewegung des Kant'schen Kriticismus.

Dritter Abschnitt.

Die Lehre von der Idealität des Raumes und der Zeit.

Vierter Abschnitt.

Die Neugestaltung unserer Weltansicht durch die Erkenntniß der Idealität des Raumes und der Zeit.

Einleitung.

Bevor wir die nöthige Geistesbildung erlangt haben, um das Bedürfniß philosophischer Aufklärung zu fühlen, und philosophische Untersuchungen mit einiger Aussicht auf Erfolg anstellen zu können, ist unser Gesichtskreis durch die Vorarbeit des Unterrichts und des Lebens mit einer Fülle sinnlicher Bilder besetzt, die uns als anschauliche Welt fertiger Realitäten entgegentreten, innerhalb deren wir uns selbst in dem abgeschlossenen Bilde unserer leiblichen Existenz bewegen; wir finden unser Interesse bestimmt durch practische Ziele und Bedürfnisse, welche sich meist auf die nächsten Schritte unseres Lebens und auf die Sicherung unserer materiellen und bürgerlichen Existenz erstrecken. Schon frühzeitig entstehen jedoch daneben, veranlaßt durch die ersten Regungen der Vernunft und des Gewissens, in uns Ueberlegungen und Gedanken über den Werth und die Bestimmung des Lebens im Ganzen und über Werth und Zweck der Welt, welche, durch Unterricht und eigenes Nachdenken gezeitigt, in jedem gesunden normalen Menschen bald eine alle übrigen Lebensinteressen weit überragende Bedeutung erlangen, und zu der Ueberzeugung drängen, daß das menschliche Leben nicht blos auf materielles Wohlbehagen und Sicherung der äußeren Existenz veranlagt, daß die Totalität der uns umgebenden Dinge und Ereignisse nicht blos ein Ergebniß des blinden Zufalls sein könne, daß vielmehr die Welt ein geordnetes Ganzes, daß der ganze Weltproceß auf ein einheitliches Ziel gerichtet sein müsse, und daß wir selbst in dem Ganzen der Weltentwicklung durch unser Leben eine Bestimmung zu erfüllen haben, daß endlich aller Werth und alle Bedeutung des Lebens nur auf der Wahrheit dieser Einsicht beruhe. Jene Regungen der Vernunft und des Gewissens sind eine Mitgift der menschlichen Natur. Wir finden dieselben schon in den ersten Spuren des geschichtlichen Lebens wirksam. Dieselben beruhen auf bestimmten Voraussetzungen, welche, auf den verschiedenen Stufen des individuellen und des Gesammtlebens zu immer größerer Klarheit entwickelt, den specifischen Ausdruck des wahren Menschwesens bilden, und zu allen Zeiten den Gedanken über Sinn und Ziel des Lebens als feststehende Norm dienten. Diese Norm ist, wenn wir auf die geschichtliche Entwicklung des Menschengeschlechts zurückblicken, und die specifischen Gestaltungen in Erwägung ziehen, in denen die Gedanken über Sinn und Ziel des Lebens und der Welt ihren Ausdruck fanden, nicht überall deutlich erkennbar, weil die Bildung alter Zeiten nicht stets normal war, indem die Menschen vielfach durch andere sich vordrängende Lebensinteressen auf Abwege und verkehrte Bahnen gedrängt wurden. Daß jene Norm dabei aber doch stets als mitwirkender Faktor lebendig war, beweist der Umstand, daß die Richtung des Lebens zu allen Zeiten durch sittliche und religiöse Erwägungen beeinflußt wurde. Daß jene Norm sogar den Schwerpunkt aller menschlichen Interessen bildet, beweist der fernere Umstand, daß in der fortschreitenden geschichtlichen Entwickelung alle jene Abwege sich allmählich immer mehr den Anforderungen jener Voraussetzungen wieder zuneigten, welche jetzt thatsächlich bei allen civilisirten Völkern, welche eben deßhalb auch „gesittete" heißen, eine solche Macht erlangten, daß alle Haupteinrichtungen des staatlichen und geselligen Lebens durch ihren erkennbaren Einfluß bestimmt sind.

So lange nun die jeweilige Auffassung der thatsächlichen Einrichtungen der Welt mit jenen unabweisbaren Voraussetzungen der Vernunft und des Gewissens und den sittlichen und religiösen Vorstellungen, in denen dieselben ihren Ausdruck finden, nicht widerstreitet, so lange mag den philosophischen Betrachtungen über Wesen und Entstehung jener Einrichtungen eine rein theoretische Bedeutung beigemessen werden. Sobald aber ein Conflikt zwischen den theoretischen Erkenntnissen und den Anforderungen des Gemüths eintritt, gewinnen jene Untersuchungen eine ernste praktische Bedeutung, welche das höchste Interesse aller Gebildeten in Anspruch nehmen muß. Dann erst tritt im wahren Sinne das Bedürfniß des metaphysischen Erkennens hervor, dann erst wird offenbar, daß die Ziele des Lebens ohne entsprechende Kenntniß der thatsächlichen Einrichtungen desselben und der Welt nicht vollständig erkannt und erreicht werden können, daß die freie Entfaltung unserer sittlichen Naturanlagen mit der philosophischen Erkenntniß des Wirklichen Hand in Hand gehen müsse, wann die Einheit des Lebens und Erkennens nicht gestört und gehemmt werden soll.

Solche Conflikte zwischen den Ergebnissen des theoretischen Erkennens und den Anforderungen des Gemüths haben sich in früheren Zeiten meist nur in der Auffassung einzelner hervorragender Männer gezeigt; in der jüngsten Vergangenheit und in der Gegenwart aber haben sie sich über alle Schichten der Bevölkerung bis in die untersten Klassen verbreitet.

Dies kann uns nicht wundern, wenn wir die gewaltige Umwälzung in Betracht ziehen, welche unsere Auffassung der Welt durch den Fortschritt der Naturforschung in der neuen Zeit erfahren hat, und welche in ihren großen Grundzügen rasch zum Gemeingut aller geworden ist; wenn wir den neuen Geist und die neuen Methoden der Forschung und Untersuchung berücksichtigen, welche bald auch in allen anderen Wissenschaften und selbst in den Erwägungen des praktischen Lebens zu allgemeiner Geltung gelangten, und überall zu schneidiger, schonungsloser Kritik der bestehenden Ansichten anregten. Der Grundcharakter unserer gegenwärtig noch herrschenden sittlichen und religiösen Vorstellungen erhielt sein eigenthümliches Gepräge einerseits durch die Ergebnisse der klassischen Bildung des Alterthums, andererseits durch die Entstehung des Christenthums, also in beiden Hauptrichtungen zu Zeiten, wo über den durch die neuere Naturforschung aufgeklärten Gebieten noch ein tiefes Dunkel lag. Es konnte daher nicht fehlen, daß die religiösen und sittlichen Ideen eng mit den naiven Vorstellungen über die uns umgebende Welt verknüpft wurden, welche jenen Zeiten eigenthümlich waren, und sich in der Hauptsache, einige Erweiterungen abgerechnet, bis in das späte Mittelalter hinein erhalten hatten. Die Erde erschien danach als einziger Schauplatz alles diesseitigen Lebens, der blaue Himmel über ihr als Thron Gottes und Sitz der seligen Geister. Gott selbst erschien als ein der Natur entgegengesetztes und über ihr erhabenes Wesen, dem doch die Macht beigelegt wurde, in den Lauf des Geschehens ändernd und bessernd nach freiem Ermessen willkürlich einzugreifen, und durch solche Wunderwirkungen sein übernatürliches Wesen den Menschen zu offenbaren. Das geistige Leben überhaupt erschien in einem strengen Gegensatze gegen das blos natürliche Geschehen und hauptsächlich charakterisirt durch jene unberechenbare Willkür des freien Handelns, welche man als den specifischen Ausdruck des Lebendigen aufzufassen pflegte. Aber der unmittelbare Eindruck des Lebendigen und die höhere Bedeutsamkeit, welche man ihm beilegte, waren doch so stark und überwiegend, daß ihm gegenüber der Natur in dem Ganzen der Welt nur die untergeordnete Rolle eines Schauplatzes zur Entfaltung des wahren geistigen Lebens, eines bloßen Mittels zur Erreichung der Ziele desselben zugewiesen wurde. Mochte der Raum in starrer Ausdehnung das Leben der einzelnen Wesen trennen, und die Zeit wie ein alles verschlingender Strom die Ereignisse mit sich führen oder dieselben, sich zwischen sie drängend, auseinanderhalten; die inneren Widersprüche, welche diese Auffassungen in sich schlossen, kamen der naiven Vorstellungsweise jener früheren Zeiten nicht zum Bewußtsein und wurden durch die Bilder einer mythologisirenden Phantasie überwuchert und verdeckt. Man belebte die ausgedehnten Dinge, indem man die Farben-, Klang- und Geschmacksempfindungen als unmittelbar an den Dingen haftend vorstellte, indem man jene Empfindungen wie einen Hauch des Lebendigen über sie ergoß. Man dachte die Zeit durch die in ihr geschehenden Ereignisse einfach erfüllt, und wurde sich ihrer als einer abstrakten Realität kaum bewußt.

So verwuchsen die naive Anschauung eines realen Raumes, in dem die Dinge vertheilt gedacht werden, und einer realen Zeit, in der die Ereignisse zu verlaufen scheinen, auf's Innigste mit einer Weltansicht, welche doch in dem geistigen Geschehen und in der geistigen Wirksamkeit Ursprung und Ziel der ganzen Weltbewegung finden zu müssen glaubte.

Diese ganze altgewohnte Auffassung des Lebens und der Dinge, in deren festem Bette das Leben harmlos und sicher zu verfließen schien, an deren Bestand alle Vorstellungen, in welche man die Hauptinhalte des Lebens zusammengefaßt hatte, insbesondere die Ideen über göttliches Wesen und Wirken, auf's Engste verknüpft waren, diese ganze Auffassung mit all ihren freundlichen Begrenzungen wurde durch die Erweiterung unserer Naturkenntniß und den zersetzenden Geist der neuen Forschungsweise unwiederbringlich zerstört. Die Erde wurde als einer der unzähligen Sterne erkannt, welche den Weltraum durchkreisen. Der blaue Himmel wandelte sich in eine Luftschicht um. Die bunte Vielgestaltigkeit der Körperwelt stellte sich als Produkt von Kraftwirkungen einfacher Grundstoffe von unveränderlicher Beschaffenheit dar. Alles Geschehen in der Welt, selbst die Vorgänge in den lebendigen Wesen zeigten sich einer ausnahmslosen festen Gesetzlichkeit unterworfen. Die Natur, welche man bisher nur als Schauplatz des Lebens und als Mittel zur Erreichung der Ziele desselben betrachtete, erschien nun umgekehrt als Grund und Ursprung des Lebendigen. Für die freie Entfaltung des Lebens, für göttliche und menschliche Thätigkeit überhaupt schien kein Spielraum mehr übrig, die Welt schien der göttlichen Leitung entwachsen und auf eigene Füße gestellt zu sein.

Jetzt mußte auch der innere Widerspruch zwischen dem naiven Glauben an einen realen Raum und eine reale Zeit und dessen Unvereinbarkeit mit der bisherigen Auffassung der Welt als eines einheitlichen, vom göttlichen Geist belebten Ganzen nothwendig offenbar werden. Der Raum, als unendliche Realität gedacht, entbehrte jedes Princips einer Concentration und inneren Gliederung, er mußte alle Wesen isoliren und hob jede Möglichkeit einer einheitlichen substantiellen Verbindung zwischen ihnen auf. Die leere Zeit, als Realität und beherrschende Macht alles Wirklichen gedacht, entgeistete eben durch ihre Leerheit die zwischen allen Ereignissen vorausgesetzten kausalen und teleologischen Verhältnisse, welche alle Momente des Geschehens erst zu der Einheit eines Weltprocesses zu verbinden schienen. Raum und Zeit, als Realitäten für sich gedacht, sind unvereinbar mit einer teleologischen Weltansicht, welche alles Wirkliche in die Einheit eines lebendigen Processes zusammenzufassen sucht.

Dies mußte um so deutlicher offenbar werden, nachdem man erkannt hatte, daß Farben, Klänge, Gerüche, Geschmäcke, welche man bisher als belebende Eigenschaften an den ausgedehnten Dingen haftend gedacht hatte, nur als innerliche Erregungen des die Dinge percipirenden Geistes wirklich sein können. Damit war der täuschende Schleier hinweggezogen, welchen die bewegliche Phantasie bisher über den wahren Sachverhalt ausgebreitet, und welcher den Widerspruch des Glaubens an ausgedehnte und doch lebendige Wesen bis dahin verdeckt hatte.

Alle diese inneren Widersprüche hatte man sich bisher nicht klar gemacht. Die concreten Ziele des Lebens erfüllten den ganzen Gesichtskreis des menschlichen Interesses. Man speculirte, einzelne Gelehrte ausgenommen, nicht weiter über die Denkbarkeit und das Zustandekommen der Welt, in der man sich bewegte, und begnügte sich, in gewissen religiösen Dogmen anscheinend sichere Stützpunkte für den Glauben an Sinn und Zweck der Welt zu besitzen.

Jetzt waren alle diese Stützen wankend und morsch geworden. Die Inhalte des alten Glaubens ließen sich nicht mehr in die alten Formen fassen. Zwischen den Bedürfnissen des Gemüths und der thatsächlichen Einrichtung der Welt gähnte eine anscheinend unausfüllbare Kluft, jederman erkennbar, von allen, welche von jenen Bedürfnissen nicht lassen konnten, als ein Quell störender und verwirrender Zweifel tief und schmerzlich empfunden. Jetzt wurde das Bedürfniß philosophischer Aufklärung, bisher nnr von einzelnen Gelehrten empfunden, ein Bedürfniß des ganzen Volks, und die Philosophie selbst eine Wissenschaft von eminenter Bedeutung, eine Wissenschaft der Wissenschaften, der die wichtige Aufgabe zufiel, den zwischen Wissen und Glauben ausgebrochenen Zwiespalt durch eine tiefere Begründung beider Sphären menschlicher Geistesthätigkeit aus einem höheren einheitlichen Principe auszugleichen, und dadurch die gestörte Harmonie des Lebens wieder herzustellen. Die dogmatische Begründung der höchsten Lebensinhalte und des Sinnes der ganzen Weltentwickelung, welche sich in den Hauptpunkten auf den historischen Hergang der Entstehung des Christenthums stützte, reichte nicht mehr aus, da der Gesichtskreis des Erkennens sich weit über diejenige Auffassung der natürlichen Welt erweitert hatte, welche damals die Gemüther beherrschte, und in deren Form sich das ganze dogmatische Lehrgebäude entwickelt hatte. Es galt jetzt jene höchsten Lebensinhalte aus sich selbst, aus den inneren Offenbarungen der unmittelbaren Lebenswirklichkeit und im Zusammenhange mit der thatsächlichen Einrichtung der Natur, wie diese aus der Combination aller Wahrnehmungen sich darstellte, zu begreifen und zu verstehen.

Wenn wir die zahlreichen Lösungsversuche jener Aufgabe, die Erscheinungen des geistigen und des natürlichen Lebens aus einem einheitlichen Principe zu erklären, näher in's Auge fassen, so scheiden sich dieselben in zwei Hauptgruppen.

Die einen folgen kritiklos dem Augenscheine des täglichen Lebens. Sie betrachten die phänomenale Wirklichkeit der Erscheinungen als das Erste und Ursprüngliche. Raum und Zeit gelten ihnen als wirkliche Realitäten, in denen die Dinge vertheilt sind und die Ereignisse geschehen. Das ursprüngliche Wirkliche ist ihnen die Materie, durch deren Wirksamkeit unter anderen auch der Schein des geistigen Lebens als beiläufiges Nebenprodukt hervorgerufen wird. Die Consequenz dieser Lehren ist die Weltansicht des Materialismus.

Die Lösungsversuche der zweiten Gruppe betrachten die unmittelbaren Erlebnisse des Geistes als das Erste und Ursprüngliche, als das einzige Wirkliche, welches sich unserer direkten Wahrnehmung darbietet, als den lebendigen Quell, dem alle unsere Vorstellungen über die Welt und die sie erfüllenden Dinge und Ereignisse entspringen. Wirklich ist in ihrer Auffassung nur das Lebendige. Die Wechselwirkungen und Beziehungen des Lebendigen sind nicht zwischen den Wesen, sondern in ihnen, als lebendige Erregungen der Wesen selbst. Raum und Zeit werden hier nicht als selbständige Realitäten, sondern als Auffassungsformen in der Vorstellungswelt lebendiger Wesen, als Formen der Zusammenfassung der zwischen diesen bestehenden Verhältnisse und Beziehungen aufgefaßt. Die ganze phänomenale Wirklichkeit der Natur, alle Grundkräfte, Verhältnisse, Beziehungen und Gesetze, welche ihren Bestand ausmachen, werden aus einem einheitlichen geistigen Principe abzuleiten versucht. Die verschiedenen Systeme dieser zweiten Gruppe fasse ich unter der Gesammtbezeichnung des Idealismus zusammen.

Es ist offenbar, daß die Untersuchungen über die Idealität oder die Realität des Raumes und der Zeit von entscheidender Bedeutung für die Frage sind, welcher von den beiden entgegengesetzten Weltansichten des Idealismus oder des Materialismus der Vorzug gebühre. Umgekehrt hat die Entscheidung für die Richtigkeit der einen oder der anderen jener beiden Weltansichten auch die Annahme der Idealität oder der Realität des Raumes und der Zeit zur Folge. Es ist nicht möglich, über die letztere Frage eine separate Entscheidung zu treffen, da sie mit dem Ganzen der Weltansicht nach allen Richtungen hin auf das Innigste verflochten ist.

Ich will daher zunächst im ersten Abschnitte eine übersichtliche Darstellung des Hauptinhalts und der Hauptargumente für und wider die Weltansicht des Materialismus und des Idealismus zu geben versuchen, welche zu dem Ergebnisse führen wird, daß nur der Idealismus den Anforderungen des Lebens und der Wissenschaft zu genügen vermag, daß dagegen der Materialismus ein völlig unhaltbares und nichtiges Phantom ist.

Durch diese Gegenüberstellung und Hervorhebung der wichtigsten hier in Frage kommenden Momente hoffe ich, das Interesse für die Lehre von der Idealität des Raumes und der Zeit anzuregen und zugleich das nöthige Verständniß der vorbereitenden Gesichtspunkte für diese Lehre und deren rechte Würdigung meinen Lesern klar zu machen. Es ist unvermeidlich, daß in diesem ersten Abschnitte schon vorgreifende Argumente geltend gemacht werden, welche erst durch die von Kant gebotene Lösung und deren spätere Erweiterungen recht verstanden werden können, doch hoffe ich, daß die dadurch nöthig werdenden Wiederholungen reichlich durch die Wichtigkeit dieser Argumente zu entschuldigen sein werden. In dieser wichtigen Frage gilt mir der Zweck der Erreichung einer vollen Ueberzeugung des Lesers mehr als das Interesse einer ästhetisch und systematisch abgerundeten Form der Darstellung, welche auf Kosten des Verständnisses alle Wiederholungen ängstlich zu meiden sucht. Es erscheint mir dies um so gerechtfertigter, als die neu eröffneten Gesichtspunkte vielen Lesern noch fremd und schwer faßlich sein werden, so daß eine Wiederholung der wichtigsten Argumente eher nützen als schaden dürfte.

Erster Abschnitt.

Die Weltansichten des Materialismus und des Idealismus.

Erster Theil.

Der Materialismus.

Erstes Kapitel.

Der Grundgedanke des Materialismus und die Erörterung seiner Principien im Allgemeinen.

Der Materialismus schöpft seine Grundgedanken aus der naiven Auffassung, welcher wir im practischen Verlaufe des Lebens alle huldigen, indem wir die Dinge als selbständige Realitäten behandeln, welche in einem unendlich ausgedehnten realen Raume vertheilt, durch gegenseitige Kraftwirkungen miteinander verbunden sind, und solchergestalt den festen Rahmen einer uns nach allen Seiten hin umgebenden Außenwelt bilden, in welchem unser Leben und alles übrige Geschehen in einer unendlichen Zeit verläuft. Wir selbst befinden uns demnach auf der Oberfläche eines Planeten, der, ein Glied des Sonnensystems, mit diesem und den übrigen Sternen und Sternensystemen, welche den Bestand des sichtbaren Universums constituiren, durch gegenseitige Anziehung verbunden ist und sich mit allen um einen gemeinsamen Schwerpunkt bewegt. Alle Weltkörper bestehen, soweit die Erfahrung reicht, aus bestimmten Grundstoffen derselben oder ähnlicher Art, welche nach einer in vielen Beziehungen vortrefflich bewährten Hypothese sämmtlich aus verschwindend kleinen oder ganz unausgedehnten Atomen zusammengesetzt sind, die einander nach bestimmten gesetzlichen Verhältnissen gegenseitig anziehen oder abstoßen.

Das geistige Leben entsteht, wie die Erfahrung lehrt, nur in den lebenden Leibern der Organismen, welche ihrerseits aus Stoffen derselben Art zusammengesetzt sind, wie sie auch in der unorganischen Natur vorgefunden werden. Die Organismen selbst unterscheiden sich daher in ihrer äußeren Gestalt und der qualitativen Beschaffenheit ihrer letzten sichtbaren Bestandtheile von den Körpern der unorganischen Natur nur durch ihren künstlicheren Bau und die Art ihrer Zusammensetzung. Das geistige Leben in ihnen ist eng mit Kraftwirkungen und Bewegungsprocessen ihrer Bestandtheile verknüpft, welche, abgesehen von den durch ihren künstlicheren Bau bedingten Modifikationen nach denselben Gesetzen geregelt sind wie die Vorgänge in der äußeren Natur.

Alle diese Erkenntnisse verdanken wir den Fortschritten der neueren Naturforschung, und es ist unleugbar, daß dadurch die Auffassung des ganzen sichtbaren Universums nach gewissen Richtungen hin an Uebersichtlichkeit bedeutend gewonnen hat, daß deßhalb auch die Aufgabe der philosophischen Weltbetrachtung dadurch, mag schließlich der Idealismus oder der Materialismus Recht behalten, in anerkennenswerther Weise gefördert und vereinfacht wird.

Die bunte Vielgestaltigkeit der Dinge ist auf einfachere Principien reducirt. Abgesehen von den inneren Erscheinungen des geistigen Lebens sind als letzte wirksame Elemente der ganzen phänomenalen Außenwelt gewisse, ihren physikalischen und chemischen Eigenschaften nach ziemlich genau bekannte Stoffe ermittelt, welche voraussichtlich noch auf einfachere Formen reducirt werden können. Alles Geschehen ist nach zusammenstimmenden und deßhalb in ihrer Totalität einheitlichen Gesetzen geregelt. Es kommt nur noch darauf an, diese einfacheren Principien ihrem Wesen und ihrem Zusammenhange nach zu begreifen, um daraus die Grundzüge einer einheitlichen Weltansicht zu gewinnen. Es kommt nur noch darauf an, zu begreifen, was die Atome, deren Verhältnisse die Physik allein in's Auge faßt und deren Wesen sie unbestimmt läßt, eben ihrem Wesen nach seien? wie sie aufeinander wirken können? wie die Gesetze gelten und die Erscheinungen beherrschen können? wie die unmittelbaren Erlebnisse des geistigen Lebens aus den Kraftwirkungen der Atome zu erklären seien? und endlich, was uns hier am meisten interessirt: ob? und wie? Raum und Zeit als für sich seiende Realitäten betrachtet werden können, innerhalb deren sich das Schauspiel jener Kraftwirkungen vollziehen könne?

Erwägen wir diese Fragen, welche aufzuwerfen die Naturwissenschaft keine Veranlassung hatte, da sie sich ausdrücklich nur mit Erscheinungen beschäftigt, und lediglich dahin strebt, die Gesetze dieser Erscheinungen zu ermitteln und auf thunlichst einfache Formeln zu reduciren, so treten Schwierigkeiten hervor, welche uns sofort überzeugen, daß die alten Probleme der Metaphysik durch alle jene bewundernswerthen Vorarbeiten der Naturwissenschaft noch keineswegs gelöst, daß sie nur in Anbetracht der phänomenalen Weltwirklichkeit bedeutend vereinfacht sind. Wir werden vielmehr finden, daß die Schwierigkeiten jener Probleme jetzt erst in vollem Umfange zu Tage treten, denn jetzt erst, bei der schärferen Formulirung der Probleme, stellen sich neben den alten viele neue Bedenken ein, an welche man früher nicht einmal gedacht hatte.

Der Materialismus macht sich nun die Sache sehr leicht. Er sieht die Schwierigkeiten nicht oder will sie nicht sehen, er umgeht sie wie uneinnehmbare Positionen und verbreitet sich unter dem zujauchzenden Beifall einer verständnißlosen Menge auf das Blachfeld der Trivialität, indem er, auf den handgreiflichen Augenschein der Auffassungsweise des täglichen Lebens trumpfend, die Welt der Erscheinungen durch einen dogmatischen Machtspruch für das erste und einzige ursprünglich Wirkliche erklärt. Er acceptirt jene Hypothese der Physik, welche die Erscheinungen der Körperwelt aus dem Wirken anziehender und abstoßender Atomkräfte zu deuten sucht, und fügt derselben die unverständige Behauptung hinzu, daß das Wesen der Atome, welches die Physik unbestimmt gelassen hatte, eben in weiter nichts bestehe, als in der Fähigkeit zur Ausübung jener Kräfte. Er findet kein Bedenken in der Annahme, daß die Atome selbständige Wesen seien, welche in einem realiter für sich bestehenden Raume vertheilt, mit einander in Wechselwirkung stehen sollen, daß ein Kreis ausnahmslos geltender Naturgesetze von unbekannter Herkunft und in unsagbarer Existenzform das blinde Wirken dieser Kräfte beherrsche, welche als feinstes Produkt in den Leibern der lebendigen Organismen die Erscheinungen des Lebens hervorbringen sollen.

Dies ist in wenig Worten die ganze Weisheit des Materialismus.

Hören wir seine Hauptwortführer wie Carl Vogt, Büchner oder Häckel, so meinen wir, es verhalte sich damit so einfach wie mit dem Ei des Columbus. Eine kleine Erweiterung jener Hypothese der Physik auf den Thron der Philosophie gesetzt, und das ganze Welträthsel ist mit einem Federstrich gelöst. Vernunft, Gewissen, religiöses Gefühl, Zwecke, Werthe und geistiges Leben überhaupt, lauter Blasen, die das Spiel des Zufalls im Zusammenwirken blinder Naturkräfte aufwirft. Das wahrhaft Wirkliche sind allein Raum und Zeit, die Atome und die „ewigen ehernen Gesetze", welche deren Wirkungen regeln sollen. Alles Hoffen und Bangen, alle Scrupel und Zweifel, welche der alte Glaube an die idealen Güter des Lebens hervorgerufen hatte, sollten mit diesen selbst nun mit einem Schlage beseitigt sein. Fortan gab es in dieser Richtung nichts mehr zu hoffen, aber auch nichts mehr nachzudenken und zu untersuchen. Es gab nur noch einen „Heroismus der Entsagung", welcher denen nicht allzu schwer fallen konnte, welchen der Gegenstand solcher Entsagung wohl nur als ein trübes fernes Nebelland vorschweben mochte. Das den höheren Interessen des Lebens entfremdete und wegen der größeren Pflichten, welche sie auferlegen, abgeneigte geistige Proletariat fühlte sich wohl in einer Weltanschauung, welche das Bestehende in seiner thatsächlichen Geltung als sicher fundirt, und behaglichen Genuß als einzig vernünftiges Ziel alles Daseins erscheinen ließ. Das Ansehen der Naturwissenschaften, in deren Lager die neue Weltansicht zuerst entstanden war, übertrug sich auf diese und verlieh ihr einen Nimbus von Unfehlbarkeit, der auch ernsteren Naturen vorübergehend imponiren sollte.

Sehen wir uns die Behauptungen des Materialismus etwas näher an, so verschwindet jener Nimbus sehr bald.

Der Grundgedanke des Materialismus ist, daß die Vorstellungen, welche sich in der exakten Naturforschung über die letzten Elemente der sinnlichen Erscheinungswelt gebildet haben, daß Raum, Zeit, Atome und Naturgesetze auch zugleich in der abstrakten Form ihrer Aufstellung der zutreffende Ausdruck der letzten Elemente des Wirklichen seien, daß die Welt auch an sich, und nicht blos in unserer Vorstellung räumlich ausgedehnt sei, daß alles Geschehen wirklich in einer leeren Zeit verlaufe und auf Wechselwirkungen von Atomen zurückzuführen sei, deren Wesen nur darin bestehen soll, daß sie sich nach bestimmten Gesetzen gegenseitig anziehen oder abstoßen. Der Materialismus betrachtet also den Inhalt der Vorstellungen: Raum, Zeit, Atom und Naturgesetz als etwas Thatsächliches, das eben deßhalb keiner weiteren Aufklärung mehr bedürfe oder zugänglich sei. Wie die gemeine Auffassungsweise, der wir im practischen Leben alle folgen, die Erscheinungen der Dinge, welche unseren Vorstellungskreis erfüllen, unmittelbar als selbständige Realitäten betrachtet und behandelt, so betrachtet und behandelt der Materialismus die hypostasirten Elemente dieser Erscheinungscomplexe unbedenklich als Elemente des Wirklichen. Er frägt nicht, ob? und wie? jenen Vorstellungen etwas Wirkliches entsprechen könne, sondern beruhigt sich dabei, daß sie als unsere Vorstellungen und Begriffe wirklich sind. Er kennt keine andere Wirklichkeit als die Wirklichkeit innerhalb der menschlichen Vorstellung, deren Begriffe er kritiklos in eine vorausgesetzte Außenwelt hinausprojicirt, und die Originalität seines Grundgedankens besteht nur allein in der Kühnheit der dogmatischen Behauptung, daß jene hypothetischen Elemente der Erscheinungen in unserer Vorstelluungswelt in der That die letzten Elemente aller Weltwirklichkeit seien, daß es keine andere Wirklichkeit gäbe und geben könne, als die phänomenale Wirklichkeit unserer Vorstellungswelt.

Es giebt für ihn keine Metaphysik, sondern nur eine Physik, weil er an die Stelle, wo die metaphysische Untersuchung beginnen soll, ein Dogma stellt, welches als vorgeblicher Ausdruck des Thatsächlichen jede weitere Untersuchung abschneidet, ein Dogma, welches nur die gemeine Ansicht der Dinge über die Wirklichkeit der uns scheinbar umgebenden Außenwelt in Betreff der hypothetischen Elemente dieser kritiklos wiederholt.

Aber das Gewicht jeder dogmatischen Behauptung bestimmt sich nur nach deren innerer Glaubwürdigkeit und Ueberzeugungskraft, welche vor allen Dingen erfordert, daß dieselbe einerseits consequent in sich selbst und frei von inneren Widersprüchen sei, andererseits aber den Voraussetzungen über das Wirkliche entspreche, welche von uns mit unmittelbarer Evidenz als allgemein und nothwendig erkannt werden, und deren Inhalt wir uns eben erst durch die metaphysische Untersuchung zu verdeutlichen streben, für welche wir durch die metaphysische Untersuchung den zutreffenden Ausdruck zu finden suchen.

Trügen wir nicht solche Voraussetzungen in uns, so gäbe es für uns überhaupt keine Wahrheit, weil uns dann der innere Maßstab der Entscheidung darüber fehlte, was wir als wahr oder falsch anzuerkennen hätten. In der That ist all unser Vorstellen und Denken von solchen Voraussetzungen bestimmt, welche in unserer Naturanlage begründet und mit ihr gegeben sind. Diese Voraussetzungen bilden die Principien der Verknüpfung aller einfachen Empfindungen zu den Vorstellungen und Bildern, welche unseren Gesichtskreis erfüllen und den Gegenstand unserer weiteren Ueberlegungen bilden.

Prüfen wir nun, ob die Grundvorstellungen des Materialismus über die letzten Elemente des Wirklichen, ob die Dogmen, auf welche das Lehrgebäude des Materialismus gegründet ist, frei sind von inneren Widersprüchen, ob sie unseren metaphysischen Voraussetzungen über das Wirkliche entsprechen?

Die fertige Erscheinungswelt ist der Gegenstand der Naturforschung, welche die gesetzlichen Verhältnisse innerhalb derselben zu ermitteln und auf möglichst einfache und übersichtliche Formeln und Grundgesetze zurückzuführen sucht. Die Frage nach der Entstehung der Erscheinungswelt in uns ist Gegenstand der metaphysischen Ueberlegungen, welche die Grundbegriffe des Wirklichen, das jener Erscheinungswelt zu Grunde liegt, unseren Voraussetzungen gemäß richtig zu gestalten suchen. Gegenstand der Naturforschung ist der Thatbestand der Erscheinungen, Gegenstand der Metaphysik der Thatbestand des Wirklichen. Thatsächlich wirklich ist für uns nur was wir unmittelbar erleben, unsere Empfindungen, Gefühle, Vorstellungen und Strebungen; Thatbestand der Erscheinungen ist die Welt der Bilder und Vorstellungen, welche wir aus jenen unmittelbaren Erlebnissen, unter Anregungen vielleicht, die wir von Außen empfangen, durch die Arbeit und die erziehenden Einflüsse des Lebens bereits fertig in uns ausgebildet und entwickelt haben, bevor wir die nöthige Geistesbildung erlangten, philosophische Betrachtungen darüber anstellen zu können. Die Combination und Zergliederung der Wahrnehmungen und der Bilder jener fertigen Erscheinungswelt führte die Naturforschung zu Hypothesen über die letzten Elemente dieser, zu den Vorstellungen des Raumes, der Zeit, der Atome, der Kräfte und der Naturgesetze.

Diese Arbeit war unternommen, um Uebersicht und Klarheit über die Vielgestaltigkeit der Dinge und Ereignisse zu erlangen, um die Gesetze des Geschehens in der Erscheinungswelt und den innern Zusammenhang ihrer Glieder zu ermitteln; sie war nicht zu den Zwecken unternommen, um die letzten metaphysischen Elemente des Wirklichen festzustellen. Die Naturwissenschaft beschäftigt sich mit der formalen Seite des Geschehens, sie bekümmert sich nicht um das Wesen und den Inhalt des Wirklichen, welches sich in jenen Erscheinungen manifestirt, nicht um die Zwecke, welche durch das phänomenale Geschehen erreicht werden sollen. Sie bildete ihre Grundbegriffe durch Abstraktion von dem concreten Inhalte der Erscheinungen und durch alleinige Beachtung ihres allgemeinen formalen Verhaltens. So gelangte sie zu der Vorstellung der **Materie** und des **Atoms**.

Materie und Atom sind nicht etwas Wirkliches im wahren metaphysischen Sinne, denn wir können ihre Wirklichkeit nur **vorstellen**, aber nicht unmittelbar in uns **erleben**, sie sind nicht **Wesenheitsbegriffe** sondern **Abstractionen**, **deren Geltung sich nicht über das Gebiet der Erscheinungen hinauserstreckt, von denen sie abstrahirt sind**. Man bildet den Begriff der Materie, indem man die dem Bewußtsein sich zunächst aufdrängenden Bilder der gemeinen sinnlichen Erfahrung mit einander vergleicht und die ihnen allen gemeinsamen und charakteristischen Züge der Materialität zu einer Gesammtvorstellung zusammenfaßt. Den Ursprung des Begriffs der Materie haben wir daher in Eigenschaften zu suchen, deren ursprüngliche Subjekte die vielen einzelnen sinnlichen Bilder sind, von deren Gesammtheit jene abstrahirt wurden. Wir folgen nur einer Gewohnheit des Sprachgebrauchs und des logischen Denkens, wenn wir jenen Eigenschaftsbegriff zum Subjekt unseres Denkens und unserer Vorstellung machen und ihn in unseren weiteren Ueberlegungen so behandeln als sei er etwas Wirkliches. **Gemeint** ist mit dem Worte Materie immer nur jener Eigenschaftsbegriff, und man irrt und täuscht sich selbst, wenn man jenen Eigenschaftsbegriff subjektivirt und etwas Wirkliches darunter versteht. Man abstrahirt dann von den ursprünglichen Trägern der Eigenschaft der Materialität und macht diese selbst zum Wesen, das doch **nicht** für sich, sondern nur an den Dingen wirklich sein kann, von denen es abstrahirt ist. Es beruht auf reiner Selbsttäuschung, wenn man wähnt, die rein qualitative und adjektivische Natur des Begriffs der Materie werde durch eine solche, einer weit verbreiteten Gewohnheit des Denkens entsprechende, logische Operation aufgehoben; es könne dadurch an Stelle des ursprünglichen Subjektes, d. h. der unbestimmten Vielheit concreter sinnlicher Bilder, eine neue selbständige Realität geschaffen werden, ein Allgemeinbegriff der Materialität, der auf eigenen Füßen stehen, für sich wirklich sein könne. In der That wird an die Stelle jener ursprünglichen Subjekte nur ein ganz unbestimmtes Es als Träger der Eigenschaft der Materialität substituirt, dessen Natur durch weiter Nichts bestimmt gedacht wird, als eben durch jene Eigenschaft. Dieses Es von dem Charakter der Materialität hat aber seine Heimath und den einzigen Ort seiner Existenz nur im Geiste des Denkenden, der die Abstraktion und Objektivirung vollzog, und es kann ihm keine andere Art von Existenz beigelegt werden, als ihm von Rechts wegen zukommt, es hat keine Realität außerhalb des Geistes, der es vorstellt. Die Materialisten fallen jener Täuschung anheim und betrachten die Materie, diesen abstrahirten Allgemeinbegriff, nicht nur als etwas Wirkliches, sondern als das erste und ursprünglich Wirkliche, dem alles andere seine Existenz verdanken soll. Sie vergessen, daß jene logische Operation der Objektivirung des Begriffs der Materialität nur als Abbreviatur in der Satzbildung und im Denken mit dem stillschweigenden Vorbehalte vollzogen werden durfte, daß zu der objektivirten Eigenschaft der Materialität stets ein Träger hinzuzudenken sei, der seiner eigenen specifischen Natur nach die ihm beigelegte Eigenschaft auch zu tragen vermöge. Sie füllen die stillschweigend vorbehaltene Stelle jenes Trägers durch die Eigenschaft der Materialität selbst aus, indem sie dieser einen substantivischen Charakter beilegen, der ihr von Rechts wegen nicht zukommt, und unterliegen der Täuschung, es sei durch diese Verwechselung eine neue Realität geschaffen. Die Plumpheit dieser Täuschung wird, wie gesagt, nur durch jenes allgemeine Vorurtheil verdeckt, welches durch die Gewohnheit des Denkens und den Sprachgebrauch gewissermaßen sanktionirt ist. Wie man im täglichen Leben die Bilder der Dinge als das Erste, welches sich der Wahrnehmung aufdrängt, auch zunächst für das Wirkliche hält, so hat auch die im Sprachgebrauch allgemein übliche Gewohnheit, Eigenschaften und Abstraktionen substantivisch zu gebrauchen, zu dem weiteren Schritte verleitet, dieselben in der Welt unserer Vorstellungen als Realitäten zu behandeln wie die wirklichen Dinge, an denen sie haften und von denen sie abstrahirt wurden. Demselben Vorurtheile ist auch der Materialismus anheimgefallen, indem er die Abstraktion der Materie objektivirte und als Ding an sich behandelte.

Diese Argumentation bleibt im vollen Umfange bestehen, wenn wir statt des vulgären Begriffs der Materie die bestimmter formulirte Vorstellung des Atoms einsetzen.

Die exakte Naturforschung postulirte gewisse einfache, innerhalb bestimmter Grenzen gleichartige Bestandtheile, aus denen man die Gesammterscheinungen aller Körper zu erklären suchte. Diesen vorausgesetzten letzten Bestandtheilen legte man den phänomenalen Gesammtcharakter derjenigen Bestimmungen bei, die den Begriff des Atoms konstituiren: die unsichtbare Kleinheit, die unwandelbare Dauer, die unveränderliche Beständigkeit in ihrem gegenseitigen Verhalten zu einander unter gleichen Bedingungen, welches darin besteht, daß sie sich nach allgemein giltigen Gesetzen gegenseitig anziehen oder abstoßen sollen. Sie bilden in ihrer Gesammtheit nur einen Complex von Eigenschaften, der ein Subjekt voraussetzt, an dem sie haften, einen Träger des qualitativen Gesammtcharakters der Atomität, der auch hier ein X bleibt, dessen Wesen man auch hier nur zum Zwecke des Gebrauchs, welchen man damit zur Erklärung der Erscheinungswelt und ihrer Veränderungen zu machen beabsichtigte, mit der Eigenschaft der Atomität einstweilen identificirte, den man damit ohne Nachtheil für die Untersuchung, die man vor hatte, identificiren durfte, weil diese nur das Verhalten des unbestimmten Trägers der Atomität in den Beziehungen zum Gegenstande hatte, welche in jenen Eigenschaften ihren Ausdruck fanden. Die Identificirung geschah jedoch auch hier mit dem stillschweigenden Vorbehalte, daß ein Wesen hinzugedacht werden müsse, welches vermöge seiner inneren hier nur unbestimmt gelassenen Natur sich in allen fraglichen Beziehungen so verhalten könne und müsse, wie es die ihm beigelegten Eigenschaften erforderten. Die Identificirung war eine provisorische, sie war eine Abbreviatur, welche durch die vorhin angeführte Gewohnheit des Denkens und des Sprachgebrauchs gerechtfertigt war, die aber nicht mehr zulässig ist, wo es sich, wie bei der metaphysischen Untersuchung, eben um die Aufklärung der essentiellen Natur jenes unbestimmten Trägers handelt, dem der quantitative Gesammtcharakter der Atomität zukommen soll. Wir dürfen nicht vergessen, daß der Zweck der exakten Naturforschung, welche den Begriff des Atoms aufstellt, eben nur dahin ging, den Zusammenhang der subjektiven Erscheinungen zu erklären. Es waren deßhalb subjektive Annahmen, welche zu diesem Zwecke gemacht wurden; erweisen sich dieselben auch noch so brauchbar und zutreffend, so bleiben sie doch immer subjektive Annahmen, deren Geltung nicht über die subjektive Erscheinungssphäre hinausreicht. Der ganze Proceß vollzieht sich innerhalb des subjektiven Geisteslebens. Die Atome sind darum noch nicht als selbständige Wesenheiten legitimirt, weil ihre Annahme zu bewundernswerthen Aufschlüssen über die gegenseitigen Verhältnisse unserer sinnlichen Erscheinungswelt führte. Sie sind und bleiben Hülfsbegriffe nicht substantieller sondern rein modaler Natur, die ihre Wirklichkeit und den Ort ihrer Existenz nur in dem Geiste haben, der so glücklich war, sie zu erfinden oder nachzudenken. Setzen wir sie als reale Dinge außerhalb des erkennenden Geistes, so lassen wir uns durch dasselbe Vorurtheil mißleiten, welches uns mitunter bestimmt, Begriffen wie Licht und Finsterniß eine selbständige objektive Realität beizulegen. Auch hier erstreckt sich der täuschende Schein, der den ungeschulten Geist mißleitet, seine sinnlichen Vorstellungsbilder unmittelbar als reale selbständige Dinge zu betrachten, auf die subjektiven Annahmen zurück, welche das Zustandekommen und die gesetzlichen Beziehungen jener Bilder erklären sollen, und dieser trügerische Schein verhüllt hier den wahren Sachverhalt um so täuschender, je geläufiger uns die Vorstellung der Atome geworden ist und mit um so größerem Erfolge wir in unseren naturwissenschaftlichen Untersuchungen und Rechnungen mit ihnen geschäftsmäßig zu operiren gewohnt sind.

Die Atome der Physik sind daher fingirte Wesen, und erst die metaphysische Untersuchung kann darüber entscheiden, ob dieselben so wie wir sie dort vorstellen, auch an sich wirklich sein können, ob daher der Materialismus Recht hat, sie als wirkliche Wesen auch außerhalb des denkenden Geistes, und sogar als das erste und ursprünglich Wirkliche zu betrachten?

Daß dies ganz unmöglich sei, daß die Atome jedenfalls so, wie der Materialismus sie hypostasirt, als bloße Ausgangspunkte anziehender und abstoßender Kräfte, nicht für sich wirklich sein können, springt sofort in die Augen. Wesen ohne alle Innerlichkeit können überhaupt nicht wirken, mithin auch sich nicht gegenseitig anziehen und abstoßen. In der blos qualitativen Natur der Atome giebt es kein eigenes Leben, keine Spontaneität, es giebt in ihnen weder Ansatzpunkte irgend einer innerlichen Differenzirung, von denen aus die Atome sich nach inneren Antrieben entfalten könnten, noch auch Angriffspunkte für eine von Außen kommende Störnng, es fehlt mithin an jedem Princip irgend einer denkbaren Veränderung. Das Atom ist und bleibt ein gedachtes, kein wirkliches Ding, und seine Natur wird faktisch dadurch nicht verändert, daß der Materialismus es unbefugterweise als wirkliches für sich seiendes Wesen betrachtet; es bleibt trotzdem der unbestimmte Träger der Eigenschaften, welche den Charakter der Atomität zusammensetzen und kann nicht mit der Summe dieser Eigenschaften identificirt werden. Diese Eigenschaften können nicht für sich wirklich sein, sondern nur als Eigenschaften eines Wesens, welches sie hat.

So verhält sich's insbesondere mit der den Atomen beigelegten Fähigkeit, sich gegenseitig nach bestimmten Verhältnissen der Entfernung anzuziehen oder abzustoßen, mit der Kraft, als deren Ausgangspunkt das Atom betrachtet wird. Die Kraft ist nach der Vorstellung des Materialismus nicht aus dem Wesen des Atoms abgeleitet oder begreiflich gemacht, sondern nur äußerlich damit verknüpft. Auch der Ausdruck „Kraft" bezeichnet einen Allgemeinbegriff, den wir aus der Beobachtung der lebendigen Vorgänge in uns abstrahirt haben. Man versteht darunter gewöhnlich die ganz unbestimmt und dunkel vorgestellte Fähigkeit, irgend welche Veränderungen hervorzubringen, überhaupt zu wirken. Solche Allgemeinbegriffe haben, wie ich schon erwähnte, ihre Heimath nur im Denken und drücken an sich nichts Wirkliches aus. Jene Fähigkeit zum Wirken kann nicht selbständig für sich bestehend, sondern immer nur als die Fähigkeit eines Wesens gedacht werden, welchem sie beigelegt wird. Speciell in der Physik und Mechanik versteht man darunter die den Atomen beigelegte Fähigkeit, Ortsveränderungen der Atome bewirken zu können, denn auch die chemischen Einwirkungen sollen ja nicht in das Innere der Atome eindringen, sondern nur Strukturveränderungen der Molecüle, d. h. Verschiebungen der

2*

diese konstituirenden Atome, bewirken. Die Natur der Atome muß daher so gedacht werden, daß jene Fähigkeit aus ihr erklärlich und begreiflich ist. Die Naturwissenschaft läßt diese wesenhafte Natur der Atome unbestimmt, der Materialismus aber behauptet positiv, daß die Natur der Atome sich in jener Fähigkeit erschöpfe. In der Dreistigkeit dieser dogmatischen Behauptung liegt eben ihr Unverstand. Denken wir uns einmal, um diesen Unverstand bloszulegen, es sei möglich, daß ein Raum existire und die Atome in ihm vertheilt seien: welche weitere Voraussetzungen enthält denn die Behauptung, daß die Atome sich gegenseitig anziehen oder abstoßen sollen? Soll das Atom A denn eine Annäherung des Atoms B bewirken, so muß dieses doch irgend etwas davon merken, daß es angezogen werden soll, es muß also eine Einwirkung von A empfangen. Es muß ferner irgend eine eigenartige specifische Natur und besondere Lebensinteressen haben, welche es nicht gleichgültig gegen jene Einwirkung lassen, sondern es bestimmen, darauf in irgend einer Weise zu reagiren, und die Art und Richtung dieser Reaktion muß wiederum durch seine specifische Natur bestimmt sein. Ohne die weitere Annahme einer specifischen inneren Wesensnatur der Atome ist mithin der ganze Vorgang völlig undenkbar.

Diese Bemerkungen sollen nur dazu dienen, die Kritik des Materialismus einzuleiten, und einen haltbaren und hoch genug belegenen Standpunkt zur Orientirung über dessen Behauptungen zu gewinnen.

Ueberschauen wir dieselben nun von diesem Standpunkte aus, so zeigt sich, daß sie ganz unvereinbare und, einzeln für sich genommen, widerspruchsvolle und unklare Annahmen zu einer unhaltbaren Theorie zu vereinigen suchen. Ich will der Uebersichtlichkeit wegen, und auf die Gefahr hin, im Interesse der größeren Deutlichkeit das schon an anderer Stelle Gesagte noch einmal zu wiederholen, weil ich keinen besseren Ausdruck dafür zu finden weiß, in den folgenden Kapiteln die entscheidenden Punkte der Reihenfolge nach zusammenstellen.

Zweites Kapitel.

Der Begriff des Atoms.

Unklar und in sich widersprechend ist, vom metaphysischen Standpunkte aus betrachtet, der Begriff des Atoms als eines Trägers anziehender und abstoßender Kräfte.

Nur solche Wesen können Kraftwirkungen ausüben, deren innere specifische Natur sie zum Wirken befähigt. Mag man unter Wirken eine spontane Thätigkeit oder ein Reagiren auf empfangene Eindrücke verstehen, in beiden Fällen muß ein Wesen, welchem die Fähigkeit dazu beigelegt wird, nicht nur irgendwie für sich sein, sondern auch eigene specifische Lebensinteressen haben, die es zur spontanen Thätigkeit oder zur Reaktion gegen erlittene Störungen aufregen. In dem Hegen solcher specifischer Lebensinteressen und in der Empfindlichkeit, gegen erlittene Störungen sich selbst zu erhalten, in dem Bestreben, darauf in bestimmter Art und Form zu reagiren, besteht aber der Charakter der Lebendigkeit, wie wir dessen selbst theilhaftig sind, und ihn unmittelbar in uns erleben.

Nur ein lebendiges Wesen von innerlich erregbarer Natur kann daher als Ausgangspunkt von Wirkungen gedacht werden, nur in einem solchen können denkbarer Weise Störungen verursacht werden, die es zu lebendigen Reactionen veranlassen. Sollen daher die Atome wirklich sein, so müssen wir sie als lebendige Wesen denken. Mögen wir ferner die innere Natur dieser Wesen noch so einfach vorstellen, immer muß dieselbe, wenn auf bestimmte Störungen bestimmte Reactionen folgen sollen, so geartet sein, daß Art und Richtung der Reactionen nach der Variabilität der Störungen verschieden und abhängig von diesen und der eigenartigen Natur der gestörten Wesen bestimmbar sind. Niemals kann daher die Natur der Atome blos in den beobachteten Erfolgen, blos in den Reactionen bestehen und sich darin erschöpfen. Denken wir die Atome blos als innerlich leere Ausgangspunkte anziehender und abstoßender Kräfte, so wiederholen wir nur in anderer Form den Ungedanken, daß Wirkungen für sich sein könnten, ohne ein Wesen, welches sie ausübt.

Jene innerliche Natur der Atome entzieht sich selbstverständlich unserer Beobachtung, und die Physik durfte dieselbe bei Aufstellung ihrer Hypothese unbeachtet lassen, da es ihr nur darauf ankam, die beobachteten Erscheinungen auf ein gemeinsames Princip von blos phänomenaler Geltung, auf eine Formel zu bringen, welche die Uebersichtlichkeit des ganzen Erscheinungskreises erleichtern sollte. Dies bezweckt die physikalische Atomtheorie, welche das an sich seiende wahre Wesen der Atome, ja selbst deren Wirklichkeit außerhalb unserer Vorstellung, völlig unbestimmt läßt. Es lag außerhalb ihrer Aufgabe, Reflexionen darüber anzustellen, wie es möglich und denkbar sei, daß Wesen existiren, die sich nach bestimmten Gesetzen anziehen oder abstoßen können. In diesem unfertigen Zustande benutzt der Materialismus jene Hypothese der Physik als Princip seiner Welterklärung, indem er die unverständige positive dogmatische Behauptung hinzufügt, daß jene Stelle leer sei, welche die Atomtheorie blos offen ließ, weil sie zu ihren Zwecken keine positive Behauptung darüber aufzustellen brauchte, daß das Wesen der Atome in Wahrheit nur darin bestehe, daß dieselben sich nach bestimmten Verhältnissen anziehen und abstoßen sollten. Dieser characteristische Zusatz enthält das wahre Princip des Materialismus, er enthält die Erklärung, daß der metaphysische Grundbegriff des Wirklichen leer bleiben müsse, und daß die Hülfsbegriffe, welche die Physik zur Erklärung der Erscheinungen aufgestellt hat, in der That schon das wahre Wesen des Wirklichen enthalten sollen. Der Materialismus ist daher streng genommen nur eine Theorie der Erscheinung des Wirklichen, nicht eine Metaphysik des Wirklichen selbst. Darin liegt der innere Widerspruch dieser Lehre, welche den Anspruch erhebt, Metaphysik sein zu wollen, während sie nur Erscheinungen erklärt. Dadurch macht sie den Begriff des Atoms zu einem in sich widersprechenden Begriffe, daß sie die wesenhafte specifische Natur desselben, welche die Physik bei Aufstellung jenes Begriffs nur offen ließ, ausdrücklich für leer und inhaltlos erklärte.

Drittes Kapitel.

Der Begriff der Kraft.

Aus den Erörterungen des vorigen Kapitels folgt unmittelbar, daß auch der Begriff der Kraft in dem Sinne, wie ihn der Materialismus aufstellt, unklar und widersprechend ist.

Die Physik betrachtet die Kraft als Ursache der Ortsveränderungen der Atome, und läßt ihr Wesen im Uebrigen unbestimmt, da es ihr nur darauf ankam, diese eine Seite der Kraftäußerung zur Erklärung der Erscheinungen zu benutzen. Nach der Behauptung des Materialismus soll dagegen das Wesen der Kraft nur allein in der Fähigkeit bestehen, Ortsveränderungen der Atome zu bewirken. In dieser gedankenlosen dogmatischen Ergänzung jenes physikalischen Hülfsbegriffs liegt auch hier der innere Widerspruch, um dessen Aufdeckung es mir zu thun ist. Wollen wir den Ursprung dessen, was sich in der Erscheinung als Kraftwirkung darstellt, aus der Natur der wirkenden Elemente metaphysisch erklären, so können wir ihn, wie schon erwähnt, nur als innerliche Erregung, als Zustandsänderung lebendiger Wesen begreifen. Wie nur das Lebendige wirken kann, so kann die Wirkung selbst nur als Zustandsänderung der wirkenden Wesen begriffen werden, welche die Sphäre deren Fürsichseins nicht überschreiten kann. Die Wirkung kann nicht zwischen den Wesen, sondern nur als erlebte Zustandsänderung in ihnen wirklich sein. Wie leblose Atome nicht für sich wirklich sein können, so können sie auch nicht auf einander wirken, sie können noch weniger durch Kräfte verbunden sein, oder durch Kräfte von einander entfernt oder einander genähert werden, welche zwischen ihnen auf irgend welche Weise vorhanden und wirksam gedacht werden. Kräfte können ebenso wenig für sich wirklich sein als Eigenschaften getrennt von den Subjecten als deren Eigenschaften sie gedacht werden. Wir können sie wie diese höchstens im Denken gesondert vorstellen, aber sie können nicht außerhalb der Vorstellung wie ausgespannte elastische Fäden zwischen den Atomen für sich wirklich sein. Eine unklare Verwechselung der Operationen des Denkens mit den als wirklich gedachten Vorgängen außer uns liegt diesen Vorstellungen des Materialismus zu Grunde. Innerhalb des phänomenalen Gesichtskreises der Physik hatten dieselben eine relative Berechtigung, metaphysisch gedacht sind sie unhaltbar und widersprechend.

Viertes Kapitel.

Die Realität des Raumes und der Zeit.

Unhaltbar ferner ist die Vorstellung eines zwischen den Atomen selbständig für sich gedachten Raums und einer realen leeren Zeit, in der die Ereignisse nach der Vorstellungsweise des Materialismus verfließen sollen.

Wie die Kräfte nicht zwischen den wechselwirkenden realen Wesen gleichsam suspendirt gedacht werden können, so kann auch keine andere Art von Beziehungen zwischen ihnen wirklich sein. Beziehungeu der Wesen im objectiven Sinne können nur als Wechselwirkungen gedacht werden, als Zustandsänderungen in den Wesen, welche mit einander in Beziehung stehen sollen. Wie der Hergang des Wechselwirkens zu denken sei, werde ich im folgenden Kapitel erörtern. Soviel ist jedoch schon aus dem bisher Gesagten klar, daß die Kraftwirkung, die Zustandsänderung des Atoms A, welche die correspondirende Zustandsänderung in B bewirken soll, sich nicht aus A loslösen und irgendwie zwischen A und B für sich in der Luft schweben könne. Subjective Beziehungen aber sind nur wirklich in der Vorstellung dessen, welcher die Beziehungen zwischen den Wesen denkt, welche er in seiner Vorstellung zusammenbringt. Es kann mithin keine Art von Beziehungen oder Verhältnissen zwischen den Wesen als wirklich gedacht werden.

Dies gilt insbesondere auch von den räumlichen Beziehungen der Wesen zu einander und von den zeitlichen Verhältnissen der Ereignisse.

Ich greife den späteren Erörterungen vor, indem ich schon jetzt darauf aufmerksam mache, daß die räumlichen Beziehungen der Wesen, mögen sie subjektiv oder objektiv aufgefaßt werden, jedenfalls hier das Erste sind, welches sich unserem Bewußtsein aufdrängt, uud durch deren Combination und Zusammenfassung wir erst später die Totalanschauung des Raums bilden. Direkt wahrnehmen können wir den Raum nicht; wir könnten es auch dann nicht, wenn er nach der Vorstellungsweise des gewöhnlichen Lebens in realer Ausdehnung um uns wirklich sich ausbreitete und wir in ihm wären. Direkt zur Wahrnehmung kommen uns nur die Empfindungen, d. h.

intensive Erregungen unseres Wesens, welche nicht ausgedehnt, sondern rein qualitativ bestimmt sind, und aus den Combinationen dieser schließen wir erst auf das Vorhandensein anderer Wesen und auf das Bestehen räumlicher Beziehungen derselben zu uns und unter einander. Können aber die Elemente der Raumanschauung, die räumlichen Beziehungen, objektiv nur in den Wesen wirklich sein, welche nach der gewöhnlichen Redeweise in ihnen stehen, und subjektiv nur in dem Geiste des Beziehenden, so kann auch die aus jenen Elementen gewonnene Anschauung des Raums nie zwischen den Wesen wirklich sein, welche wir eben deshalb irrig im Raum vertheilt denken.

In der That gerathen wir auch in unentwirrbare Verlegenheiten, wenn wir uns die Art der Realität des Raumes klar zu machen versuchen. Er kann weder als ein unendliches Ding noch als eine Eigenschaft der Dinge angesehen werden. „Ebensowenig befriedigen", wie Lotze hier*) sehr treffend anführt, „die Gewohnheiten der modernen Bildung, ihn eine Form, ein Verhältniß, eine Ordnung der Dinge zu nennen; denn alles dies ist er ja offenbar eben nicht; gestaltlos an sich selbst könnte er nur für einen Hintergrund gelten, der sich dazu hergiebt, und seiner Natur nach dazu fähig ist, unendlich viele verschiedene Formen in sich zu verzeichnen, unzählige Verhältnisse in sich bestehen, die mannigfaltigsten denkbaren Ordnungen einer Vielheit in sich darstellen zu lassen. Aber es entgeht schwerlich der Aufmerksamkeit, daß der Name des Hintergrundes nur eine andere Bezeichnung des Raumes selbst ist, und wir lernen daher auch durch diese Correction der gewöhnlichen Meinung nicht sowohl, was der Raum ist, als welche Dienste er unserer zusammenfassenden und theilenden Anschauung eines gedachten Mannigfachen leisten kann: er erscheint als die Möglichkeit des Nebeneinanderseins einer Vielheit; was er selbst ist, um diese Möglichkeit darbieten zu können, bleibt noch unerklärt. Man kann hinzufügen, daß selbst dieser letzte Ausdruck sich im Kreise bewegt, denn Nebeneinandersein ist eine Art des Zugleichseins, die von anderen Arten desselben sich nur durch den in ihr bereits vollständig enthaltenen Charakter der Räumlichkeit unterscheidet."

Alle diese Versuche, den Raum als außer und zwischen den

---

*) Mikrokosmus 1. Aufl. B. III. S. 488.

Wesen für sich wirklich zu denken, scheitern an ihrem inneren Widersinn. Der Raum kann vielmehr nur im Innern lebendiger Wesen als Form der Auffassung und Zusammenfassung an sich unräumlicher intensiver gegenseitiger Beziehungen jener wirklich sein, nicht aber als ein Ding für sich oder eine für sich seiende Form oder dgl. betrachtet werden.

Ebensowenig kann die leere Zeit als eine Realität für sich betrachtet werden, welcher außerhalb der realen Wesen und zwischen ihnen irgend eine Art selbständiger Wirklichkeit zukommen könnte, etwa als ein Strom, der selbst verflösse, und die Ereignisse mit sich führte, oder sich zwischen sie drängend, dieselben auseinanderhielte. Der unmittelbaren Wahrnehmung drängen sich zuerst die inneren Erlebnisse auf, aus denen sich unser Leben zusammensetzt. Diese inneren Erlebnisse sind concrete Akte des Geschehens, welche sämmtlich durch kausale und teleologische Beziehungen verbunden sind. Die letzteren sind zwar objektiv wirklich, aber sie sind nur in uns wirklich, die wir jene Akte des Geschehens in uns erleben. Wir könnten uns jener Beziehungen auch niemals bewußt werden, wenn wir nur dem Augenblicke lebten, wenn wir nicht eine Erinnerung an das früher Erlebte hätten und zugleich die Fähigkeit, jene Erinnerungen in der Einheit unseres Bewußtseins mit einander zu verbinden. Erst durch solche Verbindung der vergangenen mit den gegenwärtigen Erlebnissen und den consequentermaßen daraus zu erwartenden Folgen bildet sich in uns die Anschauung der Zeit, indem wir vermöge einer weiteren ursprünglichen Geistesanlage jene causalen und teleologischen Beziehungen in der zeitlichen Anschauung des „vor" und „nach" mit dem Momente der Gegenwart auf eigenthümliche Weise verknüpfen; indem wir ferner auch die Vorgänge in allen anderen vorgestellten Wesen auf dieselbe Art und durch das Medium derselben Anschauung mit unseren eigenen inneren Erlebnissen in Relation setzen. Auf diese Weise verbreitet sich durch das Medium der Zeitanschauung die Vorstellung des Wirklichen über das Gebiet des unmittelbar Erlebten auch auf die dasselbe veranlassenden Gründe und die daraus zu erwartenden Folgen, und wir werden dadurch in die Lage gesetzt, alle diese Momente in der Anschauung eines einheitlichen Prozesses, in die Anschauung des Werdens und Geschehens zusammenzufassen.

Objektiv wirklich sind nur diese concreten Acte des Geschehens in den lebendigen Wesen, welche wir uns durch das Medium der zeitlichen Anschauung unmittelbar zum Bewußtsein zu bringen vermögen. Durch die Vergleichung dieser zuerst wahrgenommenen einzelnen Akte des Geschehens und durch das Bewußtwerden der Gesetzlichkeit der zwischen allen obwaltenden causalen und teleologischen Beziehungen entsteht dann auf eine später erst näher darzulegende Weise die Totalanschauung der Zeit, das leere Bild einer allgemeinen Ordnung des Wirklichen, welche wir dann, nachdem wir durch lange Lebensübung mit ihr vertraut geworden sind, als das Frühere und Ursprüngliche, als einen wirklich verfließenden leeren Gesammtstrom des Geschehens aufzufassen pflegen, welcher alle Ereignisse in seinem Bette zu vereinigen scheint. Wirklich ist die Zeit daher nicht als eine Realität für sich und zwischen den Ereignissen, sondern nur als Totalanschauung in den lebendigen Wesen, als Totalbild der Ordnung des Geschehens welches das allein und ursprünglich Wirkliche ist.

Diese Betrachtungen werden jedoch erst in den Ausführungen des dritten Abschnitts eine vollständigere Begründung und abschließende Erledigung finden. Ich greife durch ihre vorläufige Anführung der späteren Darstellung vor, um gleich hier die Kritik des Materialismus im Zusammenhange zu erledigen und dieselbe in einem sehr wichtigen Punkte zu vervollständigen.

Der Materialismus befindet sich hier in einem schweren Irrthume, indem er jene Totalanschauung der Zeit, welche sich durch Abstraction von den causalen und teleologischen Beziehungen der concreten Acte des Geschehens im Vorstellungsleben der lebendigen Wesen erst entwickelt hat, ohne Weiteres, der Auffassungsweise des gemeinen Lebens kritiklos folgend, objektivirt und als selbständige für sich bestehende Realität zwischen jenen Wesen vorhanden denkt. In der That findet die Zeitanschauung in den Grundbegriffen des Materialismus gar keinen Boden. Dieselbe kann, wie schon die obigen vorläufigen Bemerkungen ersehen lassen, nur in solchen lebendigen Wesen entstehen, welche nicht nur ein Bewußtsein ihrer gegenwärtigen Erlebnisse haben, sondern zugleich die Fähigkeit, die früher erlebten Vorgänge in der Erinnerung aufzubewahren und mit den gegenwärtigen zur Gesammtanschauung des Geschehens zu verbinden. Sie kann nicht entstehen in Atomen ohne Bewußtsein und ohne Innerlichkeit.

Raum und Zeit sind daher gestohlene Flicken in der Weltansicht des Materialismus. Sie können nur als Totalanschauungen in lebendigen Wesen entstehen, welche ganz anders veranlagt sind als die Atome. Sie sind Anschauungen, welche der Beobachtung des geistigen Lebens entlehnt sind, und nur in diesem existent werden können. Trotzdem liefern dieselben dem Materialismus erst eine nothwendige Bedingung zur Aufstellung seiner Grundbegriffe und zur Errichtung seiner ganzen Weltansicht, denn ohne die fertige Anschauung des Raums könnten die Atome nicht auseinandergehalten und gesondert für sich vorgestellt und in Zusammenhang gebracht werden; ohne die Anschauung der Zeit könnten die Ereignisse nicht in causalem Zusammenhange, und allgemeinen Gesetzen unterworfen, gedacht werden.

Es ist hier wohl zu beachten, und dieser Gesichtspunkt ist für die späteren Ausführungen von der höchsten Wichtigkeit, daß der Materialismus die Anschauungen des Raums und der Zeit nur dadurch für sich nutzbar zu machen weiß, daß er ihnen eine ganz andere Art von Wirklichkeit und damit eine ganz andere Bedeutung beilegt, als ihnen ursprünglich zukommt. Wir haben gesehen, und werden im dritten Abschnitt noch ausführlicher darüber belehrt werden, daß Raum und Zeit nur als Anschauungen in den lebendigen Wesen wirklich sein können, welche in räumlichen und zeitlichen Beziehungen zu einander stehen, weil diese letzteren nur in den Wesen, nicht zwischen ihnen wirklich sein können, während der Materialismus Raum und Zeit fälschlich als selbständige Realitäten zwischen den Wesen hypostasirt. Durch diese Verwechselung werden einerseits die Wesen, welche in räumlichen und zeitlichen Beziehungen stehen, ihrer inneren Lebendigkeit beraubt und gleichsam zu todten Punkten gemacht, während andererseits die Beziehungen selbst zu abstracten Reflexionsbegriffen erstarren.

Diese Verwechselung beruht auf einem ganz ähnlichen Irrthum, wie die im vorigen Kapitel gerügte Vorstellung des Materialismus, wonach die Kräfte wie reale zwischen den Atomen wirksame Mächte gedacht werden. Wie durch diese Vorstellung der Begriff des Atoms entleert, und die Kraftwirkungen in sinnloser und widersprechender Art als von ihren Subjekten losgelöste und personificirte, gleichsam für sich in der Luft schwebende Thätigkeiten gedacht wurden, so werden hier alle die gegenseitige Ordnung und die causalen und teleologischen Zusammenhänge der Wesen bedingenden, in den räumlichen und zeitlichen Verhältnissen zum Ausdruck gelangenden, Beziehungen aus dem Inneren der Wesen, wo sie allein als lebendige Regungen dieser wirklich sein können, losgelöst und in ihrer Gesammtheit wie ein trennendes Medium von unangebbarer Realität zwischen die Wesen geschoben, welche dadurch selbst aller Innerlichkeit beraubt und bis zur Unverständlichkeit verstümmelt werden. Durch solche Objektivirung erstarrt und versteinert die ganze Weltansicht, und alle natürlichen und sachgemäßen Gesichtspunkte zur Würdigung des Bestehenden werden dadurch verschoben und umgekehrt.

Fünftes Kapitel.

Die Wechselwirkung der Atome.

Durch jene Zwischenschiebung des Raums, der die Continuität der Wesenseinheit alles Wirklichen aufhebt, wird insbesondere der Pluralismus der materialistischen Weltansicht bedingt, der eine neue Schranke, einen neuen Grundirrthum derselben bildet.

Unhaltbar und widersprechend ist diese fernere Annahme, daß die Atome selbständige Wesen seien und doch mit einander in Wechselwirkung stehen sollen.

Wären die Atome wirklich, wie diese Annahme voraussetzt, essentiell geschieden, so würde jedes eine Welt für sich bilden und jede Wechselwirkung zwischen ihnen völlig undenkbar sein. Unklar und nur bildlich zu nehmen ist die ganze Kette von Vorstellungen, durch welche man sich den Vorgang des Wechselwirkens zwischen solchen Atomen zu veranschaulichen sucht. Unklar und falsch, wie schon erwähnt, die Vorstellung, daß die Wirkung — als sei dieselbe von den Atomen, welche sie ausüben sollen, auch nur getrennt als wirklich zu denken! — sich loslöse aus dem mütterlichen Boden des Atoms; unklar und falsch die Vorstellung, daß eine solche frei schwebende Wirkung sich selbst die Richtung bestimmen und das andere Atom auffinden könne, in dem sie ankern und wirken soll; unklar endlich, wie sie an diesem Orte ihrer Bestimmung landen, und sich dort erst als das, was sie sein soll, als Wirkung oder Zustandsänderung des anderen Atoms etabliren könne. Wirkungen sind nur denkbar als Zustandsänderungen der Atome. Die Zustandsänderungen können sich nicht von dem Wesen trennen, dessen Zustandsänderungen sie sein sollen. Denkt man sich selbst solche Wirkungen grob sinnlich wie eine Art materielles Substrat, das irgendwie für sich sein könne, so würde dieselbe Schwierigkeit in der Aufklärung des Processes der Wechselwirkung durch solche unzulässige Annahme sich nur verdoppeln. Es müßte dann zuerst eine Wechselwirkung zwischen dem ersten Atome A und diesem materiellen Substrate, und dann wiederum zwischen diesem und dem zweiten Atome B erklärt werden. Alle diese von den Materialisten unbeachtet gelassenen Unklarheiten und Verkehrtheiten eines influxus physicus zwischen den wechselwirkenden Wesen haben früher die occasionalesten Theorieen hervorgerufen, welche einen bloßen Parallelismus des correspondirenden Geschehens in den getrennten Wesen annehmen, und diesen bald durch das in allen Einzelfällen willkürliche, bald durch das in allen Fällen gesetzlich geregelte Eingreifen Gottes, bald durch eine in der ursprünglichen Naturanlage aller Wesen präſtabilirte Harmonie zu erklären suchen.

Licht kommt, wie ich der weiteren Darstellung vorgreifend schon jetzt bemerke, in diesen Vorstellungskreis erst dadurch, daß man den Gedanken einer Vielheit *selbständig* für sich seiender Atome überhaupt fallen läßt, und statt dessen *einen einzigen lebendigen Wesensgrund* als die allumfassende Wirklichkeit der Welt und aller dieselbe constituirenden Atome, die letzteren aber lediglich als Momente des Fürsichseins oder Modi dieses einen absoluten Wesens anerkennt. Jede Zustandsänderung des einen Atoms A würde dann zugleich eine Zustandsänderung jenes einen absoluten Wesens sein, welches den substantiellen Wesensgrund aller Atome bildet und daher in allen nach deren specifischer Natur und nach deren engerer oder weiterer Verbindung mit dem Atome A als Anregung einer neuen Zustandsänderung erlebt oder nicht erlebt werden, je nachdem sie dort die Schwelle des Bewußtseins überschritte oder nicht überschritte, und diese letzteren Zustandsänderungen in den übrigen Atomen B, C, D u. s. w. würden dann in der Auffassung des Beobachters, welcher irgend welche Kunde von den Vorgängen in jenen Atomen hätte, als correspondirende Wirkungen jener ersten Zustandsänderung in A erscheinen. Es ist nöthig, sich dies völlig klar zu machen, wenn man sich unter dem Vorgange des Wechselwirkens überhaupt etwas dem metaphysischen Grundbegriffe des Wirkens Entsprechendes denken will.

So führt auch das Bedürfniß der Erklärung der Wechselwirkung über die Grundbegriffe des Materialismus hinaus zu der Idee eines einheitlichen lebendigen Wesensgrundes aller Dinge, und der Materialismus erweist sich auch nach dieser Richtung hin als ganz unzulänglich zur Erklärung der elementarsten Vorgänge aller Wirklichkeit. Auch nach dieser Richtung hin operirt der Materialismus mit Vorstellungen und Voraussetzungen, welche seinen eigenen Grundbegriffen widersprechen, indem er die Atome unbedenklich auf einander wirken läßt, und diese Wechselwirkungen sogar als die einzige Art des Geschehens und Wirkens überhaupt betrachtet.

Sechstes Kapitel

Das Gelten der Naturgesetze.

Völlig unklar endlich, widersprechend in sich selbst und ganz unvereinbar mit den übrigen Grundbegriffen der Atome als selbständiger Wesen, der übergreifenden Kraftwirkungen, sowie des Raumes und der Zeit als selbständiger Realitäten zwischen jenen ist diejenige Annahme des Materialismus, auf welche er so stolz ist, und welche ihm am meisten Anerkennung und Verbreitung verschafft hat, daß nämlich ein Kreis ausnahmslos geltender Gesetze das Spiel aller Atomwirkungen beherrschen solle.

Was sind hier diese Gesetze? Welche Bedeutung, welche Art der Wirklichkeit und welchen Boden haben sie in dem Gesichtskreise der materialistischen Weltansicht?

Gesetze können keine selbständige Existenz für sich haben und gleichsam über den Ereignissen, die sie beherrschen sollen, in der Luft oder im Leeren schweben. Denken wir uns aber selbst, es seien solche imaginäre Gesetze an irgend welchen imaginären Orten wirklich vorhanden, so könnten sie doch selbst weder auf die Atome noch auf das Wirken der Kräfte irgend welchen denkbaren Einfluß ausüben.

Solche imaginäre Gesetze könnten doch nicht selbst als wirkende Mächte gedacht werden!

Und könnten sie das, so würde das Problem der Wechselwirkung aufs Neue in gesteigerter Schwierigkeit hervortreten, wenn wir dann weiter fragen, wie sie auf die Atome oder die Kraftwirkungen dieser irgend welchen Einfluß haben könnten? Die Atome als todte Punkte sind ja überhaupt keinen Einwirkungen zugänglich. Die Kräfte könnten vielleicht, wenn wir unserer Phantasie den weitesten Spielraum geben und in die grobsinnliche Vorstellungsweise des Materialismus herabsteigen, durch andere Kräfte, nicht aber durch Gesetze in ihrer Wirkungsweise gehemmt oder gefördert werden.

Nur bildlich kann man davon reden, daß Gesetze einen Kreis des Geschehens beherrschen sollen. Gesetze können nur gelten, aber nicht herrschen, und sie können nur da gelten, wo es lebendige Wesen giebt, die ihnen entweder freiwillig oder unter dem Zwange einer inneren Wesensbestimmtheit gehorchen. Nur in der Vorstellung lebendiger Wesen oder als innere Wesensbestimmtheit deren Natur können Gesetze bestehen oder gelten, und auch dieses nur, wenn es zugleich entweder in den betreffenden Wesen selbst oder in der Auffassung irgend eines dritten Beobachters ihrer Wirkungsweise einen Maßstab innerer Ordnung giebt, an welchem gemessen der Wechsel der Ereignisse als gesetzlich oder ungesetzlich, als nothwendig oder zufällig erkannt werden könnte. Denn gesetzlich nennen wir einen solchen Wechsel nur dann, wenn nicht nur das eine der Ereignisse stets durch ein anderes begründet, sondern wenn außerdem auch die ganze Reihe der motivirten Ereignisse uns in Gestalt eines solchen nothwendigen Zusammenhanges erscheint, welcher für sich bereits irgend einen verständlichen Sinn und Werth hat, und in der Bedeutung dieses Sinnes und Werthes den inneren Grund seiner Nothwendigkeit in sich trägt.

Zwecke und Werthe, welche als Grund solcher gesetzlichen Nothwendigkeit des Geschehens gedacht werden könnten, sind weder in den Atomen noch in den Complexen derselben erfindlich. Nicht einmal die Ereignisse in den einzelnen Atomen könnten mit einander in einen derartigen Zusammenhang gebracht werden, da den Atomen, welche bloße Popanze der Einbildung sind, alle Erinnerung und alle eigenen Lebensinteressen völlig abgehen. Noch weniger ist ein solcher Zusammenhang zwischen den Ereignißreihen in den verschiedenen Atomen oder gar in der Totalität aller erdenkbar, weil alle pluralistisch auseinanderfallen und weder durch ein substantielles Band, noch durch ein gemeinsames Interesse oder durch die übereinstimmenden Zwecke ihrer Separatinteressen verbunden sein sollen oder können.

Zwecke und Werthe können nicht als Resultanten anziehender und abstoßender Kräfte gedacht, sie können nur im Innern geistiger Wesen existent werden, welche die Erinnerung an die vergangenen Ereignisse in sich bewahren, eigene Lebensinteressen hegen und danach ihre Wirkungsweise modificiren, Ordnung und Gesetz in ihr Leben zu bringen vermögen. Zwischen den Ereignißreihen in den verschiedenen Wesen kann daher nur dann ein vollständiger gesetzlicher Zusammenhang obwalten, wenn alle wenigstens in den Beziehungen, in welchen die Gesetzlichkeit stattfinden soll, in der Einheit eines einzigen lebendigen geistigen Wesensgrundes befaßt sind.

Nur durch diese Voraussetzung gewinnt der Gedanke allgemeiner Gesetzlichkeit alles Geschehens eine verständliche, unseren metaphysischen Grundbegriffen entsprechende Basis, indem dieselbe nur als innere Consequenz der Naturbestimmtheit eines solchen einheitlichen Wesens begreiflich erscheint, und zwar eines Wesens, dem nicht blos die numerische Einheit der Substanz, sondern die Einheit der Persönlichkeit eignet. Nur wenn alle Momente des Geschehens in der Einheit eines sie alle in sich hegenden Bewußtseins auf einander bezogen werden, können sie im Sinne solcher Consequenz als verbunden gelten, nur unter dieser Voraussetzung kann Ordnung und gesetzlicher Zusammenhang zwischen ihnen walten. Ordnung und innere Consequenz können ihrerseits wieder nur dadurch Sinn und Bedeutung erhalten, daß sie durch die Richtung auf einen Endzwecke bestimmt sind, der ein inhaltvolles, fühlbares und erlebbares Gut repräsentirt, welches des Strebens und Lebens werth ist.

Fassen wir diese Gedanken zusammen und setzen einstweilen voraus, was ich später noch sorgsamer begründen werde, daß nur der Begriff absoluter Persönlichkeit jener Form vollkommener Einheitlichkeit und ausnahmsloser Zweckbestimmtheit aller Wesensmomente Genüge leistet, so steigert sich der Gedanke des einheitlichen lebendigen Urwesens zu dem abschließenden Begriffe eines allumfassenden persönlichen Gottes, dessen innerlich gehegte Theile oder Modi die endlichen Wesen sind, und wir kommen zu dem Schlusse, daß ein allgemeiner gesetzlicher Zusammenhang alles Geschehens nur als innere Wesensbestimmtheit eines einheitlichen lebendigen persönlichen Gottes denkbar ist.

Wir sehen ferner, daß die Einheitlichkeit des gesetzlichen Zusammenhangs selbst nur als Einheitlichkeit des Endzwecks der ganzen Weltbewegung begreiflich ist, und daß die Nothwendigkeit solches gesetzlichen Zusammenhanges nur durch den vorausgesetzten unbedingten Werth jenes Endziels begründet werden könne.

Der allgemeine Causalzusammenhang war das einzige wahrhaft imponirende Glied aus der Kette der Vorstellungen, auf denen sich die Weltansicht des Materialismus erhebt. Bis dahin nur eine Forderung der Vernunft, welcher der Augenschein des täglichen Lebens vielfach zu widersprechen schien, erhielt die Idee desselben durch die Ergebnisse der neueren Naturforschung eine ungeahnte practische Bestätigung. Dies geschah insbesondere durch die Einsicht, daß auch alle Processe des organischen Lebens durch Kraftwirkungen derselben Art und derselben Stoffe, nur in complicirterer Form und Gruppirung, erklärt werden konnten, welche auch das unorganische Geschehen bedingen, daß auch jene Processe nach constanten Gesetzen verlaufen, welche sich dem Gesammtcomplexe der allgemeinen Naturgesetze systematisch eingliedern. Es fielen damit alle dem Causalgesetze widerstreitende Hypothesen einer in ihren Wirkungen unberechenbaren Lebenskraft, einer sich selbst widerstreitenden unbedingten Freiheit des Wollens, einer blinden richtungs- und ziellosen Willkür menschlichen oder göttlichen Wirkens; es fiel der Glaube an Wunderwirkungen und Zauberei aller Art, welcher in der Weltansicht früherer Zeiten eine so verderbliche Rolle spielte. Eine lichte kühle Klarheit verbreitete sich damit über alle der menschlichen Wahrnehmung und dem menschlichen Nachdenken überhaupt erreichbaren Gebiete. Sie verbreitete sich nicht blos in den Köpfen der Philosophen, sondern in der Auffassung aller; sie breitete sich zu einer hellen Atmosphäre aus, die ein gemeinsames Band des Verständnisses für alle wurde, in der alle lebten und athmeten. Es wurde ein Bedürfniß aller, die hergebrachten Vorstellungen über Gott und Welt mit dieser dem allgemeinen Bewußtsein nun offenbaren Thatsache des universellen Causalzusammenhanges in Einklang zu bringen.

Die allgemeine Anerkennung des universellen Mechanismus bildet einen characteristischen Grundzug der gesammten modernen Bildung, der die eigenthümlichen Vorzüge und Mängel derselben in Vergleich mit derjenigen des Mittelalters hauptsächlich bedingt. Die Anerkennung solcher Gesetzmäßigkeit schuf für alle Provinzen des Lebens ein gemeinsames Recht, eine feste Ordnung, sie läuterte die traditionellen Begriffe, in denen das menschliche Denken die Hauptinhalte seines Gesichtskreises zusammenzufassen gewohnt war, von den abenteuerlichen und phantastischen Vorstellungen, welche ihm die Naivität und der Unverstand früherer Zeiten beigemengt hatte, sie brachte eine unabweisbare Anforderung der Vernunft an allen diesen Inhalten zur Geltung, und gab jenen Begriffen selbst und allen Richtungen des menschlichen Nachdenkens einen festen inneren Halt, einen Character strenger Ordnung und Wissenschaftlichkeit. Es steigerte sich dadurch das Ansehen der Wissenschaft im Allgemeinen, und deren Bedeutung für die höchsten Inhalte des Lebens, für die Entwickelung der sittlichen und religiösen Vorstellungen kam immer mehr zur Geltung; immer mehr drang die Ueberzeugung durch, daß auch jene höchsten Inhalte des Lebens nur auf der unabänderlich consequenten Grundlage einer allgemeinen Gesetzlichkeit, welche das Unberechenbare und Zufällige ausschließt, eine sichere Garantie ihres Bestandes erlangen können.

Erwägen wir dieses, so erscheint es als **das Hauptproblem der neueren Philosophie, jene große Thatsache des allgemeinen Mechanismus richtig zu verstehen und sie sachgemäß zu würdigen, die metaphysischen und ethischen Grundbegriffe ihr entsprechend zu gestalten und umzuformen.**

Man kann daher den Werth der verschiedenen modernen Weltansichten nicht zutreffender als nach dem Maße bestimmen, in welchem ihnen die Lösung jenes Problems gelingt.

Legen wir diesen Maßstab an, so zeigt sich die Unhaltbarkeit und Unzulänglichkeit des Materialismus in vollem Umfange. Die Vertreter dieser Weltansicht treten zwar mit der Prätension auf, daß der Mechanismus nur auf Grundlage ihrer Principien bestehen könne, ja sie identificiren in seltsamer Verblendung den Materialismus ohne Weiteres mit dem Mechanismus*), aber diese Prätension beruht auf einer völlig grundlosen rein dogmatischen Behauptung. Der Mecha-

*) Häckel Natürliche Schöpfungsgeschichte 5 Aufl S 33.

nismus bleibt vielmehr, wie ich soeben ausführlich entwickelt habe, vom Standpunkte des Materialismus aus eine vollkommen unerklärliche und ganz unverständliche Thatsache. Nur Reminiscenzen an Gesichtspunkte, die im Laufe des practischen Lebens durch Unterricht und Erziehung im Geiste jener Herren sich ausgebildet hatten, welche aber in den eigenen Principien des Materialismus gar keinen Boden finden, konnten dieselben überhaupt befähigen, den Rhythmus des Geschehens in den Atomwirkungen zu erkennen und dessen einzelne Momente nach einem erborgten Maßstabe auf die zusammenhängende Formel eines Kreises von Naturgesetzen zu bringen, der nicht einen motivirten und innerlich consequenten, nicht einen nothwendigen und vernünftigen, sondern immer nur einen rein factischen Thatbestand bezeichnete, welcher sich seinem inneren Werthe nach vom Zufall nicht unterscheidet, nach welchem ein blindes leeres Geschehen sinnlos verläuft. Sehen wir von jenen Reminiscenzen ab, sehen wir davon ab, daß uns die Gesetzlichkeit überall, wo wir sie wahrnehmen, nur deshalb und nur insoweit imponieren kann, als es bedeutsame und inhaltvolle Ziele sind, deren Erreichung ihre Ordnung als verständliches Mittel dienen könnte, so begreifen wir, daß die Bewunderung, welche der Anblick des allgemeinen Mechanismus in den Seelen der Materialisten erweckt, in der That nur ein maßloses Staunen ist, welches das Verständniß aller eigentlichen Lebensinhalte erdrückt, welches sie deßhalb zur Leugnung dieser Inhalte verleitete, anstatt zur Arbeit einer tieferen Begründung derselben anzuregen.

Nicht höhere Interessen irgend welcher Art, nicht ein vorurtheilsfreier Ueberblick über die Gesammtheit des Wahrgenommenen, sondern allein die handwerksmäßige Beschränktheit einzelner Naturforscher bestimmte den Grundcharacter der neuen Weltansicht des Materialismus in allen wesentlichen Punkten. Alle Grundbegriffe derselben stellten sich als einseitig, falsch und widersprechend dar, insofern sie mehr sein sollten, als was sie ursprünglich waren, als Principien der Erklärung der sinnlichen Erscheinungen, insofern sie als Principien der Erklärung des Wirklichen hingestellt wurden. Falsch und widersprechend war der Begriff der Atome als letzter selbständiger und doch inhaltloser Elemente des Wirklichen; falsch und widersprechend die Annahme, daß dieselben in einem realen Raume vertheilt einander anziehen und abstoßen, und daß solche Wechselwirkungen in einer realen leeren Zeit verlaufen könnten; erborgt und in den eigenen Principien nicht begründet die Anschauungen des Raumes und der Zeit überhaupt, welche jener falschen Vorstellung als Grundlage dienten; erborgt und in den eigenen Principien nicht begründet, ja unverständlich in sich selbst vom materialistischen Standpunkte aus, jene Vorstellung eines allgemeinen einheitlichen Mechanismus, auf welche diese Lehre so stolz ist. Alle diese Grundbegriffe fielen unter der Beleuchtung einer ernsten Kritik zusammenhanglos, unvermittelt und pluralistisch auseinander wie die Atome im leeren Raume. Der Materialismus ist nicht Monismus und bedeutet nicht, wie seine neuesten Vertreter mit großem Pomp ankündigen*), eine Reformation auf dem Gebiete der Philosophie; er ist vielmehr ein gedankenloser Pluralismus, der durch einseitige Ueberschätzung und falsche Erweiterung physikalischer Hilfsvorstellungen entstanden, in sich selbst unbegründet und vollkommen unfähig ist, den Inhalt und den Zusammenhang der Erscheinungen des Lebens und der Welt zu erklären.

Siebentes Kapitel.

Unfähigkeit des Materialismus zur Erklärung aller Thatsachen der unmittelbaren Lebenserfahrung, insbesondere der Inhalte und Zwecke des Lebens.

Alle Thatsachen der unmittelbaren Lebenserfahrung, die Elemente, aus denen alle Wahrnehmungen sich zusammensetzen, sind vom materialistischen Standpunkte aus vollkommen unbegreiflich. Unklar und unbegreiflich ist, wie aus anziehenden und abstoßenden Kräften der Atome auch nur die allereinfachsten sinnlichen Empfindungen, Gefühle und Strebungen entstehen könnten. Die zusammenwirkenden Kräfte der Atome des Gehirns könnten sich nach bekannten mechanischen Principien stets nur zu gemeinsamen einfachen Resultanten verbinden, die sich ihrer Qualität nach von den Einzelkräften, aus denen sie zusammengesetzt sind, nicht im Mindesten unterscheiden würden. Denken wir uns die hypothetischen Atomkräfte des Gehirns auch in noch so complicirten Verhältnissen zusammenwirkend, das Gesammtresultat

*) Häckel. Antropogonie S. 12. 67. 706. Schöpfungsgeschichte S. 19. 32. 34. 651.

würde doch stets nur in einer Summe bestimmter Ortsveränderungen aller einzelnen Atome des Gehirns bestehen können. Von dem Reichthume der Bedingungen zur Entstehung dieses Endresultats würde dieses selbst keine Spur mehr in sich tragen; es würde sich seiner Qualität nach von keiner anderen Art von Ortsveränderungen unterscheiden. Es ist ganz unmöglich, von diesen Voraussetzungen jemals zu den Elementarereignissen des geistigen Lebens zu gelangen. Man hilft sich hier mit dem, was man den Gegnern nicht müde wird vorzuwerfen, mit gedankenlosen Bildern und Vergleichen. Bald behandelt man die Gedanken und Empfindungen wie Stoffe oder Secretionen, die das Gehirn absondern soll wie die Nieren den Urin, bald soll der Gedanke im Gehirne entstehen, wie die Aeolsharfe ertönt, wenn der Wind sie durchstreicht. Diese absurden Phantasieen bedürfen keiner Widerlegung, aber sie kennzeichnen die Leichtfertigkeit, mit der man sich hier über das Unmögliche hinwegzutäuschen sucht.

Noch unbegreiflicher ist es, wie durch anziehende und abstoßende Atomkräfte eine Vergleichung und Unterscheidung der einfachen Empfindungsinhalte, eine Verbindung derselben zu Vorstellungen und Gedanken, wie endlich durch dieselben jene Einheit des Bewußtseins hergestellt werden könne, welche die nothwendige Vorbedingung aller dieser Operationen ist. Nehmen wir selbst an, daß die einfachen Empfindungen, Gefühle und Strebungen auf die angegebene Weise entstehen könnten, so verläßt uns doch hier, bei der Betrachtung der complicirteren Vorgänge des Lebens, jede Analogie mit den mechanischen Principien, nach denen die Kraftwirkungen der Atome verlaufen. Während die Kräfte sich gegenseitig aufheben oder zu gemeinsamen Resultanten verschmelzen, werden bei der Vergleichung und Unterscheidung verschiedener Empfindungsinhalte diese als solche unversehrt nach ihrer specifischen Beschaffenheit in der Erinnerung festgehalten, und das vergleichende und beziehende Subjekt wird sich, indem es von dem Einen zum Anderen übergeht, während des Ueberganges des qualitativen und quantitativen Unterschiedes oder der Gleichheit beider Inhalte in einer neuen specifischen Empfindung bewußt. Solche Acte der Vergleichung und Unterscheidung sind nur vollziehbar, wenn das Subject, welches sie ausübt, nicht nur ein und dasselbe Individuum ist, sondern auch die verglichenen Eindrücke in ein und demselben Bewußtsein zu vereinigen vermag. Sie könnten nicht stattfinden, wenn es ein Complex von Individuen oder Atomen wäre, der jene Handlungen vornehmen sollte. Ebensowenig kann man sich die Einheit des Bewußtseins an mehrere Atome vertheilt denken, dieselbe erfordert vielmehr, ebenso wie alle die geschilderten Vorgänge des geistigen Lebens die strenge Einheit eines untheilbaren Subjectes.

Alle diese Erwägungen beziehen sich jedoch nur auf die Formen, in denen das geistige Leben sich offenbart. Die Unzulänglichkeit und Armseligkeit des Materialismus tritt erst in vollem Maße zu Tage, wenn wir unser Augenmerk nun auch auf die Inhalte und Ziele des geistigen Lebens richten, welche jenen Formen erst Werth und Bedeutung verleihen.

Alle Inhalte und Werthe offenbaren sich im Gefühl. Im Gefühl erleben wir unmittelbar den Werth der Ereignisse, welche unser Leben erfüllen, der Dinge, welche sich unserer Wahrnehmung darbieten. Die Maßstäbe der Werthschätzung sind zwar so verschieden, wie die Interessen, welche unser Wollen und Streben erregen. Diese Interessen beruhen in den Bedürfnissen, welche in unserer Natur begründet sind. Dieselben sind theils vorübergehender, theils bleibender Natur; sie würden blos individuell und ganz unvergleichbar sein, wenn nicht die Naturen aller Menschen in der Hauptsache gleichartig veranlagt wären, wenn es nicht gewisse constante Neigungen und Bedürfnisse gäbe, in welchen alle übereinstimmen und welche die Hauptrichtungen des Lebens beherrschen, wenn es nicht in dem wichtigsten Gebiete des Lebens, nämlich im sittlichen, eine Werthkategorie von allgemeiner und nothwendiger Geltung gäbe, welche allen Menschen im Gewissen offenbar wird.

Die verbindliche Kraft der Gebote des Gewissens beruht, wie ich später näher darlegen werde, ganz allein auf dem Gefühle des unbedingten Werthes, der unbedingten Heiligkeit des letzten Grundes aller Wirklichkeit, des letzten Zieles des gesammten Weltprocesses, dessen Erreichung wir uns durch die Erfüllung jener Gebote und unserer individuellen Lebensbestimmung zu unserem Theile zu fördern bestimmt fühlen. Das Gewissen offenbart uns daher nicht nur, daß der letzte Grund aller Weltwirklichkeit unbedingt werthvoll und heilig sei, sondern auch, daß die theoretischen Voraussetzungen über das objective Ganze der Welt, welche jenes unbedingte Werthurtheil in sich schließt, in der gegebenen Wirklichkeit auch thatsächlich erfüllt seien. Im Gewissen offenbart sich daher das Centrum aller übrigen Lebensinteressen, welche ihren besonderen Werth von jenem höchsten

Werthe erst empfangen und zu Lehen tragen. Diese höchste Offenbarung unseres wahren Lebensinhalts, unserer sittlichen Lebensbestimmung, ist zwar ursprünglich noch unbestimmt und allgemein, sie steigert sich erst im Laufe des Lebens und der Geschichte allmählig zu immer höherer Klarheit, und die besonderen Aufgaben, in denen sie sich practisch kundgiebt, sind durch unseren jeweiligen Gesichtskreis bestimmt und erweitern sich oder verengern sich nach diesem. Wie alle Wissenschaft auf der Ueberzeugung beruht, daß es überhaupt eine Wahrheit giebt, so beruht alle gedeihliche Entwickelung des Lebens auf dem allgemeinen Gefühle des Soll, welches dem Leben Richtung, Halt und Zusammenhang giebt. So war es von jeher, und so ist es noch jetzt.

Das Gewissen ist daher der wichtigste Factor des Lebens, der die Entwickelungskeime aller inhaltlichen und formalen Momente desselben in sich birgt. Es ist die vornehmste Aufgabe jeder philosophischen Weltbetrachtung, das Gewissen und die Inhalte des Lebens zu erklären.

Diese Aufgabe ist dem Materialismus völlig unlösbar, sie existirt für ihn nicht, da seine Grundbegriffe sich nur aus formalen Elementen zusammensetzen, da sein Gesichtskreis sich nicht weiter erstreckt als über die sinnlichen Erscheinungen. Die Atome sind ohne alle Innerlichkeit, sie sind bloße Anheftungspunkte für anziehende und abstoßende Kräfte, in ihnen können daher keine Gefühle und Werthe existent werden. Die Kraftwirkungen selbst bezwecken bloße Ortsveränderungen der Atome, aus Combinationen derselben können nur gleichartige Resultanten, nicht aber Gefühle und Empfindungen entstehen. Die Inhalte des Lebens, die sich in diesen darstellen, bleiben einfach unerklärt und unerklärbar. So ist es mit den einfachen sinnlichen Empfindungen und Gefühlen, so mit allen Interessen und Bedürfnissen, welche die Kräfte des Lebens in's Spiel setzen, so vor Allem mit dem Gewissen und dem Gefühle der Verantwortlichkeit. Alle diese Dinge sind für den Materialismus nicht da. Die Experimente der Physik sind seine Welt. Er sieht alles durch die Brille der hier gewonnenen Anschauungen und Begriffe. Alles Leben und die ganze Welt verwandelt sich ihm in Physik. Er geberdet sich, als sei seine Aufgabe nicht, Welt und Leben zu erklären, sondern Welt und Leben in Physik zu übersetzen. Ueber dieser handwerksmäßigen Kurzsichtigkeit vergißt und übersieht er alle Inhalte des

Lebens; er übersieht, daß selbst das wissenschaftliche Interesse, welches ihn zur Untersuchung treibt, durch seine Kräfte und Atome nicht hervorgebracht werden kann.

Dieser Vorwurf ist der schwerste, den wir gegen den Materialismus zu erheben haben, die für unser gebildetes Zeitalter ganz unerhörte Bornirtheit seines Gesichtskreises, welche in seinen dogmatischen Festsetzungen zu Tage tritt; die Bornirtheit gepaart mit einer sittlichen Indifferenz, mit einer Trivialität der Lebensauffassung, welche sich unbekümmert und mit einer stupiden Naivität ohne Gleichen auf dem Leichenfelde der kaltblütig abgeschlachteten Ideale des Lebens mit den verbliebenen Reminiscenzen und Trümmern der zerstörten Weltauffassung behaglich einzurichten und gemüthlich weiter zu leben vermag; mit Trümmern und Resten, welche nur der Inconsequenz ihr Dasein verdanken, welche immer mehr verblassen und schließlich ganz verschwinden müßten, wenn es dem Materialismus jemals gelingen sollte, in voller Ausgestaltung seiner Consequenzen zur practischen Lebensphilosophie zu werden.

Sollte dieser Fall jemals eintreten, so würde ein solcher Triumph des consequenten Materialismus den Stillstand aller Cultur, das Verschwinden aller Humanität aus unserer Denk- und Lebensweise in sich schließen.

Zur Zeit sind wir gottlob noch weit davon entfernt. Die glückliche Inconsequenz der menschlichen Natur gestattet auch den eingefleischtesten Materialisten, im Leben nach wie vor zu lieben und zu hassen, die Sittlichkeit, welche sie principiell negiren, im Leben nichtsdestoweniger practisch zu handhaben, und die Vorzüge der Cultur und Humanität unbedenklich weiter zu genießen. Die Macht der Gewohnheit und Erziehung, welche ihrem Leben vor Beginn des wissenschaftlichen Nachdenkens feste Form und Haltung gab, erweist sich durchschnittlich stark genug, um wenigstens in den Hauptsachen jene Consequenzen ihrer falschen wissenschaftlichen Theorieen von ihnen abzuwenden. Aber trotzdem: Innerlich muß das Leben veröden und verderben, wenn alle wahren Güter desselben, welche seine Bedeutung und seinen Werth bedingen, wirklich und aufrichtig nur als Inconsequenzen, als haltlose Phantasieen und Einbildungen betrachtet werden, die in der thatsächlichen Einrichtung der Welt gar keinen Boden finden. Der Materialismus erweist sich zwar practisch als unfähig, Cultur und Humanität mit einem Schlage zu vernichten, aber er zieht doch wie ein erkältender Hauch über die Blüthen des Lebens dahin, und birgt, wenn ihm nicht bei Zeiten Einhalt geschieht, eine ernste Gefahr für das gesunde Leben der Menschheit in sich, welches nicht auf einem so schroffen und unaufheblichen Zwiespalte zwischen Erkennen und practischem Verhalten, welches überhaupt nicht auf der Inconsequenz, sondern nur auf einer allseitigen Harmonie der ganzen Weltansicht gedeihen und dem Ziele seiner Entwicklung entgegenreifen kann.

Fassen wir das Endergebniß unserer Kritik zusammen, so fällt der stolze siegesgewisse Bau der materialistischen Weltansicht vor dem gesunden Luftzuge einer ernsten Prüfung wie ein Kartenhaus zusammen. Der Materialismus erwies sich nach allen Richtungen hin als unhaltbar und als vollkommen unfähig, die Erscheinungen des Lebens und der Welt ihrem Inhalte und ihrem Zusammenhang nach zu erklären.

Aber die Verbreitung des Materialismus hat uns doch gelehrt, wie stark in unserem Zeitalter das Bedürfniß ausgebildet ist, Welt und Leben aus einem einheitlichen Principe zu erklären, und dadurch einen zusammenfassenden Ueberblick über das Ganze der Wirklichkeit zu gewinnen.

Zweiter Theil.

Der Idealismus.

Erstes Kapitel.

Das Wesen der idealistischen Weltansicht.

Die erste der beiden Alternativen, vor welche wir uns in dem Bestreben, ein einheitliches Princip der Welterklärung zu finden, am Schlusse unserer einleitenden Betrachtung gestellt sahen, hat sich als verkehrt und unhaltbar erwiesen. Die Natur in ihrer phänomenalen Wirklichkeit kann nicht als das Erste und Ursprüngliche, das geistige Leben kann nicht als bloße Consequenz oder Erscheinung der in der Natur wirksamen Kräfte betrachtet werden.

Prüfen wir nun die zweite Alternative.

Prüfen wir, ob es umgekehrt möglich sei, die Natur, ihre Grundkräfte, Gesetze und Verhältnisse aus einem höheren geistigen Principe zu erklären; ob der Idealismus ein haltbares und zureichendes Princip der Welterklärung darbiete?

Unsere Kritik des Materialismus stützte sich auf die Thatsachen der unmittelbaren Lebenserfahrung. Wir gehen von derselben Basis aus, um das Wesen der idealistischen Weltansicht darzulegen. Jene Thatsachen sind in Wahrheit das Erste und Ursprüngliche, was sich unserer Wahrnehmung darbietet. Die Thatsachen der unmittelbaren Lebenserfahrung sind das einzige Wirkliche, welches uns, nicht erst durch Reflexion vermittelt, sondern unmittelbar gegenständlich wird, indem wir es wirklich in uns erleben. Im Empfinden, Fühlen, Vorstellen, Wollen und allen etwa nicht in diese Rubriken passenden primitiven Erregungen unseres Ich erleben wir unmittelbar, wie einem empfindenden, fühlenden, vorstellenden und wollenden Wesen zu Muthe ist; nicht, wie es sein könnte oder vorgestellt werden müßte, wenn es wäre, sondern, wie es wirklich ist und lebt, was Dasein, Leben und Wirklichkeit in diesen Formen an sich ist und bedeutet. Diese primitiven Erlebnisse bilden das einzige thatsächliche Material, welches wir zum Aufbau und Ausbau unserer Weltansicht verwenden können, denn einer anderen Art und Form von Wirklichkeit, als diejenige ist, welche wir unmittelbar in uns erleben, können wir nicht habhaft werden. Selbst alle diejenigen Eindrücke, welche wir etwa nach der gewöhnlichen Vorstellungsweise von Außen empfangen, können sich uns nur in der Form innerer Erregungen und Zustandsänderungen unseres eigenen Wesens kundgeben, und gehören daher ihrem ganzen Umfange nach mit zu dem Thatbestande des unmittelbar Erlebten.

Der Aufbau unserer Weltansicht kann nur durch Verbindung jener primitiven Erlebnisse in unserem Inneren vor sich gehen; er kann nur dadurch geschehen, daß wir unsere Empfindungen zu Bildern und Vorstellungen, diese wiederum nach ihrer inneren Zusammengehörigkeit zu Begriffen, Vorstellungsreihen und Gedanken, und diese endlich zu dem Ganzen unserer Weltansicht combiniren und zusammensetzen. Auch die Maßstäbe, nach denen wir über die innere Zusammengehörigkeit des Verbundenen, seine Gleichheit, Verschiedenheit oder seinen Widerstreit, über seinen Werth oder Unwerth entscheiden, auch die Principien, nach denen wir die empfangenen Eindrücke zum Ganzen verbinden, und ihre Verhältnisse bestimmen, auch die Kriterien der Wahrheit und Werthschätzung des Erlebten und Vorgestellten können nicht von Außen fertig in uns hineingebracht werden, sondern gehören mit zu unserer geistigen Naturanlage und sind, wie die primitiven Eindrücke selbst, geistigen Ursprungs.

Die inneren subjektiven Geisteserlebnisse sind daher der lebendige Quell, aus dem wir das Material unserer Weltansicht, die Principien der Verknüpfung, die Ziele und Interessen des Lebens und des ganzen Weltprocesses allein zu schöpfen und zu begreifen vermögen.

Aber diese Geistesarbeit der Verknüpfung und Ordnung der primitiven Erlebnisse vollzieht sich in ihren Anfangsstadien nicht mit klarem Bewußtsein. Leben, Erziehung und Unterricht bilden unsere Weltansicht schon zu einem relativ fertigen Bilde aus, bevor wir philosophische Betrachtungen über diesen Entstehungsproceß anzustellen vermögen. Wir finden uns, wenn wir bis zu einem solchen Grade der geistigen Entwickelung gelangt sind, daß wir derartige Betrachtungen mit Erfolg anzustellen vermögen, bereits von einer Außenwelt unabsehbar vielgestaltiger Vorstellungen umgeben, die uns nun bereits wie fertige Realitäten unbegreiflichen Ursprungs entgegentreten, zwischen denen wir uns selbst in dem anschaulichen Bilde unserer leiblichen Existenz umher zu bewegen scheinen.

Es ist der Grundfehler des Materialismus, daß er bei seiner Bemühung, ein einheitliches Princip der Welterklärung zu finden, nicht über diesen sich zuerst darbietenden Augenschein einer phänomenalen Außenwelt hinaus zu kommen vermag, daß er die Erscheinung des Wirklichen in uns mit dem, was er als außer uns wirklich vorhanden anzunehmen sich genöthigt sieht, gedankenlos verwechselt. Es ist sein Grundfehler, daß er hier bei dem fertigen Produkte stehen bleibt, ohne auf die Quellen zurückzuschließen, aus welchen es entsprungen ist, daß er die Bildlichkeit des Produktes für baare Wirklichkeit nimmt, und sich dadurch bestimmen läßt, jenem Produkte eine ganz andere Art von Wirklichkeit beizulegen, als ihm thatsächlich zukommt.

Doch das war nicht sein einziger Fehler.

Er irrte auch darin, daß er aus dem Ganzen des sich der Beobachtung beim Beginne der Untersuchung fertig darbietenden phänomenalen Weltbildes nur einen Theil mit ebenso willkürlich als einseitig gewählten Grenzen ausschnitt, und diesen als das einzige ganze Wirkliche betrachtete. Auch der Beobachter selbst, und er vor Allem, gehört mit zu dem Ganzen der Welt, welche er erklären will, der Beobachter selbst mit seinem Leben, mit seinen Wünschen, Sehnen und Hoffen, mit seinen Zielen und seinen Vor- und Nachgedanken über das Wahrgenommene. Der Materialismus läßt den Beobachter und seinen Standpunkt ganz unbeachtet, er geberdet sich, als offenbare sich ihm die Welt in ihrem wahren An sich, während er doch nur Erscheinungen sieht, als stecke er in allen Dingen und sei selbst die Dinge, gehe in den Dingen auf, und wisse doch von ihnen, obgleich diese Dinge leblose Atome sein und kein Selbstbewußtsein haben sollen.

Wir haben gesehen, zu welchen Widersprüchen und Widersinnigkeiten alle diese Oberflächlichkeiten, Verkehrtheiten und Unterlassungssünden verführt haben.

Der Idealismus vermeidet dieselben und ist dem Materialismus insoweit jedenfalls unendlich überlegen. Der Idealismus operirt nicht mit Erscheinungen und Reflexionsbegriffen, sondern seine Ausgangsbasis sind die Thatsachen der unmittelbaren Lebenserfahrung; das Wirkliche, was wir in uns erleben, bildet den letzten Inhalt seiner Begriffe. Er ist Wirklichkeitsphilosophie, während der Materialismus nur Erscheinungsphilosophie ist. Er faßt vor Allem den Standpunkt des Beobachters und die Mittel des Zustandekommens aller Erkenntniß in's Auge. Er schöpft seine metaphysischen Grundbegriffe aus dem, was wir unmittelbar in uns als wirklich erleben. Er betrachtet die uns scheinbar umgebende Außenwelt der wahren Sachlage entsprechend als das, was sie zunächst ist, als Erscheinung in uns, und schließt dann aus dem Inhalte dessen was erscheint, auf das Wirkliche, unter dessen Mitwirkung die Erscheinung entsteht.

Der Idealismus schließt ferner nichts von alle dem, was in unsere Beobachtung fällt, von dem Kreise seiner Erwägungen aus. Gegenstand seiner Untersuchung ist das Ganze der Wahrnehmungen, nicht blos ein willkürlich gewählter Theil dieses Ganzen.

So viel ist ohne Weiteres klar, daß der Idealismus in allen diesen Beziehungen viel sachgemäßer, gründlicher und umsichtiger verfährt als der Materialismus.

Zweites Kapitel.

Die Aufgabe des Erkennens und das Kriterium der Wahrheit.

Eine Schranke drängt sich freilich dem sorgsameren Verfahren des Idealismus sofort auf, eine Schranke, welche der Materialismus sehr zu seinem Nachtheile leichtsinnig übersprang, welche nicht ohne Nachtheil überschritten werden kann, da sie in der Natur alles Erkennens begründet und daher nicht blos eine Schranke des menschlichen Erkennens ist. Das Erkennen kann seinem Wesen nach immer nur ein Verdeutlichen dessen sein, was wir unmittelbar in uns erleben, es kann nie über die subjektive Sphäre des erkennenden Geistes übergreifend in die außer diesem befindlichen Dinge eindringen und unmittelbar erkennen, was dort ist und vorgeht. Wer eine solche Leistung vom Erkennen erwarten wollte, würde etwas ganz Unverständliches verlangen. Er würde, wie Lotze*) sehr treffend bemerkt, „dann nicht mehr wünschen, die Dinge zu erkennen, sondern gradezu sie selber zu sein; er würde jedoch auch so sein Ziel nicht erreichen; könnte er es dahin bringen, das Metall etwa selbst zu sein, dessen Erkenntniß durch Vorstellungen ihm nicht genügt, nun so würde er es zwar sein, aber um so weniger sich als nunmehriges Metall erkennen; beseelte aber eine höhere Macht ihn wieder, während er Metall bliebe, so würde er auch als dies Metall sich grade nur so vorkommen, wie er sich selbst in seinen Vorstellungen vorkommen würde, aber nicht so, wie er denn Metall wäre, wenn er sich nicht vorstellte" Eine solche übergreifende Erkenntniß könnte daher nur einem Wesen zukommen, welches alle Dinge selbst wäre, und zugleich alle diese Formen seines Daseins in einem einheitlichen centralen Bewußtsein zu erleben vermöchte, denn nur unter der letzteren Voraussetzung könnte es jene verschiedenen Formen seines Fürsichseins mit einander verbinden und in Beziehung setzen.

*) Logik. 1. Aufl S 485

So denken wir uns Gott, den realen Wesensgrund aller Dinge. Die einzelnen endlichen Wesen aber können wir nur als die besonderen Arten auffassen, wie jenes eine absolute Wesen in ihnen für sich ist, und in diesem ihrem Fürsichsein allein besteht ihre Realität. In und mit diesem Fürsichsein ist aber auch die Schranke ihres Wesens gezogen. Diese Schranke ihres Wesens ist zugleich die Schranke ihres Erkennens. Da nämlich die endlichen Wesen nur für sich sein können, so können sie nichts Anderes sein, d. h. sie können sich nur der Akte ihres eigenen Fürsichseins unmittelbar bewußt werden, sie können nur sich selbst erfassen und aus ihren inneren Erlebnissen auf das schließen, was außer ihnen wirklich ist. So verhält sich's insbesondere mit dem menschlichen Erkennen. Unmittelbar erkennen können wir nur das, was wir in uns erleben, was wir selbst sind, was in uns vorgeht, die wechselnden Zustände unseres eigenen Ich. Nur aus der specifischen Natur, aus der Art und dem Wechsel des Auftretens dieser inneren Zustandsänderungen unseres eigenen Wesens können wir auf das Vorhandensein anderer Wesen außer uns, auf das Vorhandensein einer Außenwelt und anderer Ereignisse schließen, welche mit unseren Erlebnissen nicht identisch sind.

Alles Wissen von äußeren Dingen und Ereignissen ist daher durch Schlußfolgerungen aus der Art und Reihenfolge unserer inneren Erlebnisse bedingt, und diese bilden das einzige letzte Wirkliche in unserer Erkenntniß. Ob die vorgestellten Dinge der Außenwelt mit unseren Vorstellungen von ihnen congruiren, ob sie ihnen auch nur ähnlich, oder ob unsere Vorstellungen reine Trugbilder und Fiktionen sind, welche mit der wahren Beschaffenheit der vorgestellten Dinge nichts gemein haben, darüber können wir jedenfalls nicht durch Vergleichung beider urtheilen, da wir außer Stande sind, die Vergleichung vorzunehmen, indem wir der Dinge außer uns nicht habhaft werden können.

Wäre es nun Aufgabe unseres Erkennens, die Dinge außer uns nur noch einmal in uns abzubilden, sie genau so abzubilden, wie sie für sich außer uns wirklich sind, und wären unsere Vorstellungen nur dann wahr, wenn sie ein getreues Conterfei jener bildeten, so gäbe es überall kein Kriterium der Wahrheit.

Daß dem jedoch nicht so sein könne, lehrt schon eine einfache

Ueberlegung. „Könnte es", sagt Lotze*) „der menschlichen Forschung nur darauf ankommen, den Bestand der vorhandenen Welt erkennend abzubilden, welchen Werth hätte denn doch ihre ganze Mühe, welche mit der öden Wiederholung schlösse, daß, was außerhalb der Seele vorhanden war, nun nachgebildet in ihr noch einmal vorkäme? Welche Bedeutung hätte das leere Spiel dieser Verdoppelung, welche Pflicht der denkende Geist ein Spiegel zu sein für das, was nicht denkt, wäre nicht die Auffindung der Wahrheit überall zugleich die Erzeugung eines Guts, dessen Werth die Mühe seiner Gewinnung rechtfertigt?" Dieses Wort Lotze's führt uns auf den rechten Weg. Das Erkennen soll weder blos mechanisches Abspiegeln einer außer uns vorhandenen Wirklichkeit sein, noch bloße Befriedigung der Neugierde, es soll vielmehr den ernsten Zwecken des Lebens dienstbar sein.

Erwägen wir dieses, so ergiebt sich die Aufgabe des Erkennens ganz von selbst. Es kommt in erster Linie auf das Verständniß des Sinnes der Welt und unserer Bestimmung in ihr an, nicht auf die Ermittelung des substantiellen Kernes der Dinge, nicht darauf, ob unserem Vorstellen überall ein congruentes Geschehen außer uns parallel gehe? Die letzteren beiden Fragen sind Nebenfragen, deren Beantwortung für die Entscheidung der ersten Hauptfrage nicht präjudiciell ist.

Die Frage nach dem substantiellen Kerne, nach dem ursprünglichen was, woraus die Dinge etwa bestehen, ist gleichbedeutend mit der Frage, wie Sein und Dasein überhaupt gemacht werde, wie es der göttlichen Weisheit gelungen sei, die Dinge so in der Wirklichkeit zu befestigen, daß sie so sind wie sie sind, daß sie so wirken und leiden, wie sie wirken und leiden. Die Beantwortung dieser Frage würde nur dann unabweisbare Pflicht der Wissenschaft sein, wenn es unsere Aufgabe wäre, die Welt zu schaffen, anstatt den Sinn und Werth der Geschaffenen und unsere Bestimmung in ihr zu erkennen.

Diese Frage wird jedenfalls dann überflüssig, wenn wir die Ueberzeugung erlangen sollten, daß die Einwirkungen, welche wir von den äußeren Dingen empfangen, mit den Vorgängen in diesen selbst in einem ganz bestimmten gesetz-

*) Mikrokosmus Bd I. Vorrede S. VII.

lichen Verhältnisse stehen. Denn wäre dies der Fall, so würden wir dadurch in die Lage gesetzt sein, unsere Einwirkungen auf die Dinge und die Einflüsse, welche wir von diesen zu erwarten haben, aus den gegenwärtigen Beziehungen zu ihnen vorauszusehen und unser Handeln danach einzurichten. Daß dieses aber in der That der Fall sei, dafür bürgt uns theils die Gewißheit des allgemeinen Causalzusammenhanges alles Geschehens, theils die Ueberzeugung, daß die Formen und Gesetze unseres Denkens „nicht bloße Sonderbarkeiten menschlicher Geisteseinrichtung, sondern daß sie, so wie sie sind, beständig und durchgehends auf das Wesen des Wirklichen berechnet sind" *).

Die Hauptaufgabe des Erkennens welche auf das Verständniß des Sinnes der Welt und unserer Bestimmung in ihr gerichtet ist, erscheint daher keineswegs durch bestimmte Annahmen über die Entstehung des Wirklichen, über die Genesis der Welt und ihrer Einrichtungen, oder dadurch bedingt, daß unser Erkennen die Vorgänge und Dinge außer uns in allen Einzelheiten getreulich copire, es genügt vielmehr dazu, daß unser Erkennen sich in gesetzlicher Weise nach denjenigen Vorgängen außer uns richte, von denen wir Einwirkungen erleiden, oder in deren Verlauf wir selbst durch unser Thun modificirend einzugreifen vermögen.

Erwägen wir dieses und bedenken wir ferner, daß wir mit zu dem Ganzen der Welt gehören, daß sogar die in den Formen des Empfindens, Fühlens, Wollens und Vorstellens in uns erlebten inneren Vorgänge nicht nur mit zu diesem Ganzen gehören, sondern vielmehr in der That für uns das allein und wahrhaft Wirkliche sind, der lebendige Quell, aus dem alle Inhalte, Gestalten, Bilder, Formen, Gesetze und Verhältnisse unserer ganzen Weltansicht hervorwachsen, so wird uns klar, daß alle jene inneren Vorgänge nicht blos zum Abbilden einer außer uns vorhandenen Wirklichkeit bestimmt sein können, daß wir nicht deßhalb sehen, hören, riechen und schmecken, um nach den Ursachen dieser subjektiven Erscheinungen in einer vorausgesetzten Außenwelt zu forschen, sondern um unser Herz an dem Gesehenen und Gehörten zu erfreuen, und es zur Erreichung unserer Lebensbestimmung selbstthätig zu verwenden. Die

*) Lotze. Logik 1. Aufl. S. 10.

Erscheinungen des Wirklichen in uns sind daher nicht Nebenprodukte sondern Hauptprodukte derjenigen realen außer uns sich vollziehenden Processe, welche jene in uns anregen. Diese realen Processe, mögen sie an sich gestaltet sein wie sie wollen, entfalten sich dadurch, daß sie jene Erscheinungen in uns anregen, selbst erst zur vollen Blüthe und Frucht. Jene Processe erscheinen nun blos als Mittel und Vorbereitungen zur Entfaltung des hellen und lichten Geisteslebens in den lebendigen Wesen. Die in diesen durch jene Einwirkungen hervorgerufenen Erscheinungen stellen sich jenen vorbereitenden Processen gegenüber als der Zweck dar, um dessentwillen jene überhaupt geschehen mußten, weil erst in diesen Erscheinungen, in den lebendigen Gefühlen und Strebungen der lebendigen Wesen die Werthe und die Bedeutung des Wirklichen offenbar werden.

So kehrt sich, wenn wir die wahre Aufgabe des Erkennens unter Berücksichtigung aller dieser Momente ernstlich erwägen, die gewöhnliche Auffassungsweise der Dinge vollständig um.

Nicht zum Zwecke der Abbildung der die Erscheinungen in uns erzeugenden Vorgänge entstehen jene in uns, sondern in den Erscheinungen offenbart sich uns das Wirkliche, das *Wirkliche erfüllt seinen Zweck indem es uns erscheint, und uns dadurch die Mittel zur Erfüllung unserer Lebensbestimmung darbietet.* Wir erleben daher unmittelbar in uns, was Sein, Wirken, Leiden, Fühlen, Wollen und Denken in Wahrheit ist und bedeutet, welchen Sinn, Inhalt und Zweck das Leben habe, und diese durch die Einwirkungen der Außenwelt angeregte und beförderte *Selbstoffenbarung des eigenen Wesens*, welche sich durch die fortschreitende Arbeit des Lebens und der Wissenschaft zu einer mehr oder weniger umfassenden Weltansicht in uns erweitert, ist nicht blos Erscheinung, welche auf ein Sein hindeutet, welche zur Abbildung und Reproduktion eines noch wahreren Seins bestimmt wäre, sondern *offenbart uns das Wirkliche selbst, wie es in seiner höchsten Potenz in uns wirklich wird.*

Die Aufgabe des Erkennens ist nicht, aus dem innerlich Erlebten als einem Scheine das wahre Sein eines solchen Schein erregenden Wirklichen mittelst irgend welcher Erkenntnißtheorie zu enträthseln, sondern *das innerlich Erlebte selbst seinem wahren Werthe und Zusammenhange nach zu würdigen*, und von ihm zum *Zwecke des Lebens* Gebrauch zu machen. Wenn sich uns das

Wirkliche in Farben und Klängen offenbart, so sind diese nicht ein bloßer Schein, der das Wirkliche in verkürzter oder verstümmelter Weise zur Anschauung brächte, sondern sie sind eben die Form, in der das Wirkliche in uns offenbar und wirklich wird, in uns aufblüht zu vollem wahrem Leben.

Durchdringen wir uns mit der Wahrheit dieses Gedankens, so wird uns klar, daß die Aufgabe des Erkennens nur in einer consequenten Ausgestaltung und Verdeutlichung des innerlich Erlebten und derjenigen Einwirkungen bestehen könne, welche wir erleiden. Die Wahrheit unserer Vorstellungen und Schlußfolgerungen kann deßhalb nicht darin bestehen, daß dieselben irgend welche außer uns etwa vorhandene Dinge und Vorgänge getreulich in uns wiederspiegeln, sondern nur darin, daß sie das, was in uns wirklich vorgeht oder vorgegangen ist, seinem Inhalte und seinen Consequenzen nach getreu und adäquat zum Ausdruck bringen, daß sie folgerecht das zusammenfassen, was zusammengehört und mit dem Ganzen der Weltansicht in consequente Uebereinstimmung bringen. Wahrheit ist die sachgemäße Auffassung des unmittelbar Gegebenen, die innere Folgerichtigkeit und Schlüssigkeit unserer Vorstellungen und deren gegenseitiger Verhältnisse. „Das Erkennen der Wahrheit besteht daher in der Auffindung von Gesetzen, nach denen der innere Zusammenhang unserer Vorstellungswelt sich immer richten wird, wie unendlich wir auch ihren veränderlichen Lauf fortgesetzt denken mögen"*).

Die Wahrheit unserer Denkgesetze und der letzten Voraussetzungen über das Wirkliche können wir jedoch nicht mehr beweisen, sie ist ohne Weiteres offenbar, weil sie ein thatsächliches Moment unseres Wesens bildet. Die Wahrheit dieser letzten Axiome wird uns zuerst durch die sachliche Selbstverständlichkeit ihres Inhalts klar, und wenn wir näher überlegen, worauf diese Selbstverständlichkeit beruht, so finden wir, daß es das Gefühl ihrer Allgemeinheit und Nothwendigkeit sei, welches wir bei dieser Ueberlegung mit unmittelbarer und zweifelloser Evidenz erleben. Dieses Gefühl unmittelbarer Evidenz, mit welcher der Inhalt jener Axiome, einmal gedacht, sich selbst ewige Geltung

*) Lotze. Logik S. 484.

der Erfahrung vorgreifend zuschreibt, ist das einzige Kriterium der Wahrheit, und bildet als solches die Voraussetzung jeder Untersuchung und jedes Erkennens.

Fassen wir die Ergebnisse dieser Betrachtungen noch einmal zusammen, so wird die bisherige Ansicht über Wesen und Aufgabe des Erkennens durch Anknüpfung des letzteren an die thatsächliche Basis der unmittelbaren Lebenserfahrungen, durch Berücksichtigung der danach formulirten letzten metaphysischen Grundbegriffe des Wirklichen und die Art dessen Wirkens in fundamentaler Weise umgestaltet. Das Erkennen erscheint uns nun nicht mehr als bloßes Uebersetzen dessen, was außer uns geschieht, in eine innere Welt der Vorstellung, seine Aufgabe erscheint uns nicht mehr auf die Ermittelung des substantiellen Kernes der Dinge gerichtet, sondern das Erkennen stellt sich uns jetzt dar als consequentes Ausgestalten des Wirklichen, welches sich in unserem Innern, in unserem Empfinden, Fühlen, Vorstellen und Wollen selbst offenbart und in den Formen dieser Selbstoffenbarung zur höchsten Blüthe und Realität gelangt. Sein Ziel ist auf das Verständniß des Sinnes der Welt gerichtet, wie derselbe in der Form unseres subjektiven Geisteslebens offenbar wird, und auf das Verständniß unserer Bestimmung in der Welt. Das Erkennen trägt danach zwar einen entschieden subjektiven Charakter an sich, aber diese Subjektivität erscheint nicht mehr als ein Mangel, sondern lediglich als sachgemäße Präcision des Standpunkts, auf welchem wir stehen und von welchem aus wir die Welt allein betrachten können.

Um diesen subjektiven Standpunkt recht zu würdigen und dessen übergreifende Bedeutung einzusehen, müssen wir im nächsten Kapitel einen kurzen vorgreifenden Blick auf das Ganze der Weltansicht werfen, zu welcher ein consequenter Ausbau der idealistischen Grundgedanken führen muß.

Drittes Kapitel.

Die Lehre des Idealismus.

Schon die im ersten Theile dieses Abschnitts enthaltene Kritik des Materialismus ließ die Grundlinien der entgegengesetzten idealistischen Weltansicht in deutlichen Umrissen hervortreten, denn jene

Kritik war in der Hauptsache ein Kampf des Idealismus gegen den Materialismus, der mit der völligen Niederlage des letzteren endete und nicht geführt werden konnte, ohne die Streitkräfte des Idealismus in den wichtigsten Positionen offen und breit zu entfalten. Erinnern wir uns an das dort Gesagte, so führte schon das Bedürfniß der Erklärung der Wechselwirkung zu der Annahme, daß nur ein einziges einheitliches lebendiges Wesen als substantieller Grund aller Weltwirklichkeit zu betrachten sei, und daß die Realität aller Einzelwesen nur in einer Art des Fürsichseins jenes einen absoluten Weltwesens bestehen könne, daß mithin ein substantieller wesenhafter Zusammenhang alle Einzelwesen verbinde, vermöge dessen das innerliche Geschehen in allen in einer ausnahmslosen gegenseitigen causalen und teleologischen Verknüpfung stehen müsse. Das fernere Bedürfniß der Erklärung der Gesetzlichkeit dieser causalen und teleologischen Beziehungen führte zu der weiteren Erkenntniß, daß jenes eine Weltwesen nur als vollkommene Persönlichkeit gedacht werden könne, und daß jene allgemeine Gesetzlichkeit selbst nur als Consequenz der inneren Wesensbestimmtheit dieser absoluten Persönlichkeit begreiflich sei.

Daraus folgt:

1. Daß auch unser Erkennen, die wir selbst mit zu dem Ganzen der Welt gehören, mit den vorgestellten Vorgängen in den vorgestellten Wesen in einem bestimmten gesetzlichen Zusammenhange stehen, sich also in gesetzlich bestimmter Weise nach ihnen richten müsse, und
2. daß das absolute Weltwesen in allen endlichen Wesen, in welchen es auf besondere Art für sich ist, auch in gewisser, wenn auch noch so beschränkter Weise doch mit seinem ganzen Wesen für sich und gegenwärtig sein müsse.

Wir stehen also, indem wir auf unserem subjektiven Standpunkte stehen, keineswegs auf einer isolirten Insel, sondern befinden uns mit dem Ganzen der Welt in einem substantiellen, der Art und Intensität nach gesetzlich bestimmten Zusammenhange, und unser unter den steten Einwirkungen der anderen Wesen auf uns entwickeltes Erkennen besteht nicht blos in subjektiven Einbildungen ohne objektive Basis, sondern erlangt durch jenen Zusammenhang eine übergreifende Bedeutung, vermöge deren wir durch dasselbe nicht blos uns selbst, sondern die Welt von unserem Standpunkte aus betrachten können. Nach allen Seiten hin bietet sich unseren Blicken eine freie Umschau, die nicht sowohl beschränkt als vielmehr nur bestimmt ist durch die Organisation unseres Geistes und unseres Auges. Auf irgend einem Standpunkte müssen wir doch schließlich stehen, und um unseren Standpunkt recht zu würdigen, dürfen wir nicht vergessen, daß die Organisation unseres Geistes und unseres Auges durch dasselbe einheitliche Wesen bestimmt ist, welches der substantielle Grund und lebendige schöpferische Quell alles Wirklichen ist, welches die Organisation aller Wesen und aller Weltwirklichkeit nach demselben umfassenden einheitlichen Principe eingerichtet hat. Die Subjektivität unseres Erkennens, welche der Idealismus als nothwendige Schranke anerkennt, bedeutet daher, richtig verstanden, nur, daß wir die Welt blos von einem bestimmten Standpunkte aus betrachten können.

Dieser Standpunkt ist uns einerseits durch unsere Naturanlage, andererseits durch unsere Stellung und unsere Beziehungen zu allen übrigen Wesen vorgezeichnet.

Durch diese Einsicht wird aller philosophischen Erkenntniß die Aufgabe und Richtung bestimmt. Wir haben uns einerseits die in unserer Naturanlage gegebenen Voraussetzungen zu verdeutlichen und andererseits unsere Stellung und unsere Beziehungen zu den übrigen Wesen durch richtige und sachgemäße Deutung und Combination der Einwirkungen, welche wir von ihnen erleiden, immer mehr zu erweitern und zu höherer Klarheit zu steigern.

Der Materialismus ließ die erstere Aufgabe ganz unbeachtet, er bekümmerte sich gar nicht um die Präcision des Standpunkts des erkennenden Subjectes und begnügte sich, der empirischen Weltbetrachtung gewisse dogmatische Behauptungen über die letzten Principien des Wirkens zu Grunde zu legen, deren Unzulänglichkeit wir im ersten Theile dieses Abschnittes ausführlich dargelegt haben. Der Idealismus zeichnet sich umgekehrt gerade dadurch aus, daß er den Schwerpunkt seiner Untersuchung in die Verdeutlichung dessen verlegt, was in der menschlichen Naturanlage gegeben ist, daß er sich vor Allem des Standpunkts klar bewußt zu werden sucht, von dem aus wir die Welt betrachten, und allein betrachten können. Er enthält sich aller Hypothesen und dogmatischen Voraussetzungen, sondern beschäftigt sich allein mit dem vollen Thatbestande dessen, was wir unmittelbar als wirklich in uns erleben. Aus diesem Thatbestande schöpft er den Inhalt seiner metaphysischen Grundbegriffe, aus ihm die Principien der Verknüpfung des Mannigfaltigen, die Antriebe, welche Ziel und Richtung seiner Untersuchung bestimmen.

Darin besteht die Bedeutung des Idealismus, daß er den Geist als das anerkennt, was er uns ist, als das ursprünglich Wirkliche, das zuerst unmittelbar Gegebene, und daß er seine Hauptaufgabe in die Verdeutlichung dieses ursprünglich Gegebenen setzt.

Alle geistigen Erlebnisse haben das Gemeinsame, daß sie eben Erlebnisse sind, das heißt Momente der Rückbeziehung auf sich selbst im Bewußtsein, Momente des lebendigen Fürsichseins. Aus diesem gemeinsamen Character ergiebt sich von selbst der Grundbegriff des Wirklichen. Wirken ist Leben. Realität ist lebendiges Fürsichsein. Dieser Begriff umfaßt alle Arten und Formen des Wirklichen, alle denkbaren Inhalte, die sich im Leben realisiren. Er ist durch Zusammenfassung dessen gebildet, was bei allen Erlebnissen das Wesentliche ist, wodurch sie erst zu Erlebnissen werden. Den Inhalt dieses Begriffes können wir nicht weiter in Worten ausdrücken, sondern nur in uns erleben und dann durch Worte an das Erlebte erinnern. Er ist selbst Wirklichkeit, an welche wir uns erinnern, die wir in der Vorstellung reproduciren, indem wir den Begriff denken und das Wort aussprechen, mit welchem jener Vorstellungsinhalt associirt ist.

Insofern nun die einzelnen Momente des Fürsichseins in der Einheit ein und desselben Bewußtseins mit einander verbunden werden, wie wir solches gleichfalls thatsächlich in uns erleben, steigert sich der Begriff der Realität zu dem des realen Wesens, welcher alle jene Momente des Fürsichseins in ein Ganzes zusammenfaßt. Wären wir uns nicht dessen bewußt, was in uns vorgeht, so wären wir nicht, und hätten wir nicht eine Erinnerung an das Erlebte, so wären wir in jedem Momente unseres Lebens ein anderes Wesen. Die Einheit des Wesens ist identisch mit der Einheit des Bewußtseins und reicht nicht weiter als diese.

In dieser Begriffsformulirung zeigt sich ganz besonders die gesunde Kraft des idealistischen Grundgedankens, welcher auf die unmittelbare Erfassung und begriffsmäßige Ausgestaltung des unmittelbar

Gegebenen gerichtet ist. Es ist der erste und wichtigste Schritt aller wissenschaftlichen Untersuchung, sich die ursprünglich gegebenen factischen Daten rein und unverfälscht von theoretischen Voreingenommenheiten zum Bewußtsein zu bringen und sich deren wahren Inhalt und deren wahre Bedeutung klar zu machen.

Auf keinem Gebiete des philosophischen Nachdenkens ist mehr geirrt worden als in den Versuchen, den Begriff des Wesens richtig und sachgemäß zu formuliren. Man betrachtete als Hauptmomente dieses Begriffes meist nur die Einheit und Beharrlichkeit, und übersah in dem Bestreben, diese beiden Momente in dem Begriffe des Wesens recht energisch zum Ausdruck zu bringen, die Hauptsache: Das Fürsichsein, welches das Wesen erst zum Wesen macht. Nicht die Beharrlichkeit des substantiellen Kernes und die numerische Einheit dieses letzteren allein erschöpfen den Inhalt dessen, was man durch den Begriff des Wesens auszudrücken sucht. Dieser specifische Inhalt, das characteristische Moment, welches das Wesen erst zum Wesen macht, besteht allein darin, daß dasselbe nicht als Eigenschaft oder Zustand an einem anderen Wesen, sondern daß es als für sich seiend gedacht wird. Die Beharrlichkeit und die Einheitlichkeit, welche wir neben jenem Hauptmomente als constituirende Momente des Wesens-Begriffes erfordern, bestehen nicht darin, daß das Wesen unveränderlich und stets blos ein und dasselbe sei, denn beharrlich in diesem Sinne können auch die Eigenschaften und Zustände an anderen Wesen sein, sondern darin, daß das Wesen sich als dasselbe fühlt und weiß. Nur auf die Weise ist auch eine causale und teleologische Verbindung der Momente des Fürsichseins ein und desselben Wesens denkbar, daß diese Momente in ein und demselben Bewußtsein auf einander bezogen werden können, nur diese Verbindung in ein und demselben Bewußtsein schließt jene Momente erst zur Einheit des Wesens zusammen. Der Idealismns bewegt sich hier streng auf dem Boden des thatsächlich Gegebenen und bringt die bedeutsamsten Momente, welche hier als wirklich hervortreten, in seinem Begriffe des Wesens zum Ausdruck.

Der Begriff des Wesens ist einer unabsehbaren Vertiefung und Erweiterung fähig, je weiter und tiefer das Fürsichsein reicht, welches dadurch zum Ausdruck gebracht werden soll, je vollständiger alle seine Momente in der Erinnerung festgehalten und in der Einheit des

Bewußtseins verknüpft gedacht werden. Wenn alle constituirenden Momente des Wesens, das Fürsichsein, die innere Consequenz der Beharrlichkeit, die Einheitlichkeit, nach den angedeuteten Richtungen hin so harmonisch und vollständig entwickelt sind, daß sie sich zu einem bestimmten Individualcharacter ausprägen, so steigert sich der Begriff des Wesens zu dem der Persönlichkeit. Persönlichkeit kommt einem Wesen um so mehr und in um so höherem Maße zu, je weiter es in seiner Erinnerung zurückzugreifen, je mehr es alle seine Erlebnisse zusammenzufassen, je zutreffender es die sich daraus ergebenden Consequenzen vorauszusehen vermag. Denken wir uns ein Wesen, dessen Fürsichsein alles Wirkliche umfaßt, welches alle Momente des Geschehens in einem centralen Bewußtsein zu der Einheit des Weltprocesses verbindet, denken wir uns Gott, so können wir ihn nur als absolute, vollkommene Persönlichkeit denken. Persönlichkeit ist die höchste Form des Wesens, und der Begriff des Wesens erhält seinen idealen Abschluß in der Idee der absoluten Persönlichkeit.

Noch characteristischer als in dieser Formulirung der metaphysischen Grundbegriffe tritt jedoch die Bedeutung der idealistischen Weltansicht in der Bestimmung dessen hervor, was sie als Zweck des Untersuchens und Erkennens betrachtet. Es kommt ihr nicht sowohl darauf an, Hypothesen über die Art und Weise der Entstehung des Wirklichen aufzustellen, oder den vorausgesetzten substantiellen Wesenskern der Dinge begriffsmäßig zu formuliren, als vielmehr darauf, den Sinn und Zweck der Welt, nachdem sie geworden ist, und die Bestimmung des menschlichen Lebens in ihr zu begreifen und entsprechend zu würdigen.

Darüber, was als Sinn und Zweck der Welt zu betrachten sei, und welche Wege man zur Erledigung jener Aufgabe einzuschlagen habe? gehen nun allerdings die Ansichten innerhalb des Lagers der idealistischen Weltanschauung noch so weit auseinander, daß es schwer fallen dürfte, alle ihre Besonderheiten in einer gemeinsamen Darstellung und in gedrängter Kürze, wie sie hier geboten ist, zusammenzufassen. Eine Klärung und Verständigung dieser verschiedenen Ansichten unter einander ist jedoch in dem Maße zu erhoffen, als man zu der Einsicht gelangt, daß der Schwerpunkt der ganzen Lebensentwickelung im Sittlichen ruht, weil hier allein eine aprioristische Werthkategorie von unbedingter Geltung eine feste und unzweideutige Basis der Verständigung darbietet. In dieser Auffassung, welche bislang in der Lotze'schen Philosophie ihren reinsten und würdigsten Ausdruck gefunden hat, offenbart sich der inhaltvolle Kern der idealistischen Weltansicht am Vollkommensten und Unzweideutigsten.

Dieser Auffassung werde auch ich deßhalb folgen, indem ich im Nachstehenden zu veranschaulichen suche, daß die von idealistischer Seite erstrebte Lösung des Welträthsels die Widersprüche zwischen Wissen und Glauben vermeidet, an denen die materialistische Weltansicht scheiterte.

Das Gewissen galt von jeher als der specifische Ausdruck des wahren Menschwesens, in ihm offenbart sich der centrale Inhalt dessen, was wir sind und sein sollen. Die Stimme des Gewissens in uns gebietet, ohne zu zwingen. Wir gehorchen, indem wir unser Wollen den Geboten des Gewissens unterordnen, nicht einem blinden Zwange unserer Natur, sondern dem Gefühle der Achtung vor dem, was wir sollen. Wir entscheiden uns in all unseren Willensentschließungen mit dem Bewußtsein, anders handeln zu können, und mit dem Gefühle der Verantwortlichkeit für das, was wir wollen. Dadurch unterscheidet sich unser Wollen von dem Geschehen nach blos mechanischer Abfolge, welches wir in den Vorgängen der äußeren Natur beobachten. Unser Wollen ist nicht unmotivirt, indem wir dem Sittengesetze folgen, es liegt nicht außerhalb des allgemeinen Causalzusammenhanges, aber es bildet doch innerhalb dieses Zusammenhanges einen ausgezeichneten Fall, der sich dadurch von der strengen Determination aller Factoren in den äußeren Naturvorgängen unterscheidet, daß hier der eine Factor, der Wille des Wollenden, sich selbst in dem Momente der Entschließung das Gesetz giebt, während die Mitwirkung aller übrigen Factoren, wie diejenige aller Factoren beim rein physischen Geschehen, durch die unwandelbare Natur der letzteren vorher bestimmt ist. Es ist eben die specifische Natur des Menschen, welche in der Variabilität jenes einen ausgezeichneten Factors beim Willensentschlusse zu Tage tritt, es ist der freie Wille eines Wesens, dem die Fähigkeit inne wohnt, sich selbst das Gesetz zu geben, und der ausgezeichnete Character, nicht blos, wie die willenlosen Geschöpfe, dem Zwange einer festbestimmten Natur seines Wesens blind zu gehorchen, sondern selbständig einzugreifen in den Lauf der Ereignisse*). Wir fühlen uns, indem wir wollen, als autonome, sittliche Wesen, als verantwortliche Mitarbeiter an dem Ganzen des Weltprocesses.

Verdeutlichen wir uns das, was wir im Gewissen erleben, so enthüllen sich uns sofort zwei characteristische Momente, welche in unserer Naturanlage begründet sind und unserem Leben Ziel und Richtung bestimmen. Wir erleben im Gewissen, daß wir frei sind in unseren Entschließungen, und daß wir eine unbedingt verpflichtende Norm unseres Wollens in uns tragen, daß wir durch unser Leben eine Bestimmung zu erfüllen haben, durch deren Erfüllung wir erst realisiren, was wir sind und sein sollen. Die unbedingt verpflichtende Kraft dieser Norm besteht allein in der Achtung vor dem Sittengesetz, in der Anerkennung des unbedingten Werths dessen, was wir durch unsere Bestimmung erreichen und realisiren sollen.

Dieses Gefühl offenbart uns, wenn wir uns seinen Inhalt näher verdeutlichen, eine ganze Reihe aprioristischer Voraussetzungen über die Natur unseres Wesens und das Ganze der Welt, welche die centralen Richtungslinien unserer sittlich-religiösen Weltansicht und damit das Gemüthsinteresse bestimmen, dessen angeblicher Widerstreit mit den Ergebnissen der neueren Naturforschung die ausgedehnte Theilnahme an den philosophischen Bestrebungen der Gegenwart rechtfertigt. Ich will zunächst den Inhalt dieser Voraussetzungen näher präcisiren, und dann zu der weiteren Frage übergehen, ob jener Widerstreit in der That vorhanden, oder ob er nicht vielmehr, wie Lotze sagt, eine unnütze Qual ist, die wir uns durch zu frühes Abbrechen der Untersuchung selbst bereiten?

Die Idee des unbedingten Werthes trägt eine formale und eine materiale Voraussetzung in sich.

Die formale Voraussetzung ist, daß das unbedingt Werthvolle zugleich das oberste Princip alles Wirkens und Schaffens sei, und ein solches Princip kann nur als Weltzweck eines alle Wirklichkeit der Welt in sich schließenden absolut persönlichen Wesens gedacht werden. Als Persönlichkeit muß dieses Wesen gedacht werden, weil nur im persönlichen Leben Zwecke und Werthe existent werden können. Als absolute Persönlichkeit, weil

*) Cf. meine Schrift: „Ueber das Wesen und die Bedeutung der menschlichen Freiheit". Berlin. Georg Reimer. 1882.

alle Momente des Geschehens in ihm zur Einheit des Weltprocesses verbunden gedacht werden müssen, und weil solche Verbindung, wie wir gesehen haben, nur als Beziehung in einem einheitlichen Bewußtsein denkbar ist. Nur wenn der Weltproceß ein einheitlicher ist, dessen Einheitlichkeit in der gemeinsamen Richtung auf einen höchsten Zweck besteht, nur wenn alles Geschehen zu diesem Endzwecke zusammenwirkt und in all seinen Phasen durch die umfassende Consequenz der inneren Naturbestimmtheit jenes höchsten Wesens gesetzlich geordnet und gegliedert ist, kann der Weltzweck selbst als oberstes Princip, und sein Inhalt maßgebend für die Gestaltung alles Wirklichen sein, denn gäbe es irgend welche unberechenbare Momente des Geschehens, welche den Weltproceß zweckwidrig durchkreuzen und seine Richtung verändern könnten, so wäre jenes Princip nicht das oberste, absolut herrschende Princip und sein Werth kein unbedingter.

Die materiale Voraussetzung ist, daß der Eigenwerth jenes obersten Princips durch seine innere Majestät und Hoheit imponire, daß er vor Allem ein wirklicher Werth, das heißt ein fühlbares und erlebbares Gut sei; ein Werth, dessen voller ursprünglicher Inhalt zwar nur jenem einen höchsten Wesen erlebbar sein könnte, welches der substantielle Grund alles Wirklichen ist, dessen Abglanz aber in allen Formen und Arten des Fürsichseins jenes höchsten Wesens wiedererscheinen könnte, und zwar in um so intensiverer und höherer Form, je intensiver und vollkommener jenes absolute Wesen in den betreffenden endlichen Geschöpfen für sich ist.

Die materialen und formalen Voraussetzungen des Vorhandenseins eines unbedingten Werthes vereinigen und vollenden sich daher in der Idee der absoluten Persönlichkeit Gottes und finden in dieser Idee ihren idealen Abschluß. Der Weltproceß kann nur als das Leben Gottes, die endlichen Wesen können nur als Momente des göttlichen Fürsichseins begriffen werden, wenn die Voraussetzungen des Sittengesetzes in uns in der thatsächlichen Einrichtung der Welt einen realen Boden finden sollen.

Aber die Idee des unbedingten Werthes des Weltzwecks genügt für sich allein noch nicht, die verbindliche Kraft des Sittengesetzes zu erklären. Verbindlich für uns wird diese Kraft erst durch die weitere Voraussetzung, daß wir durch die Erfüllung unserer sittlichen Lebensbestimmung den Weltzweck selbst zu unserem Theile zu fördern berufen sind. Dadurch erlangt das sittliche Ziel unseres Lebens selbst unbedingten Werth. Dadurch erst wird es als höchstes Gut von uns empfunden. Darauf beruht die Achtung vor dem Sittengesetz in uns, darauf die echte Menschenwürde, die Achtung vor dem, was wir in Wahrheit sind und sein sollen. Weil dieses Gefühl der Achtung vor unserer sittlichen Bestimmung der wahre und volle Grundcharacter unseres Wesens ist, weil wir selbst moralische Wesen sind, deßhalb werden wir dem Centrum unseres Wesens entrückt und gerathen außer uns selbst, wenn wir gegen unser Gewissen handeln. Es ist nöthig, sich dies vollständig durchzudenken und klar zu machen, wenn wir den Kernpunkt der idealistischen Weltansicht verstehen und richtig würdigen wollen, wenn wir begreifen wollen, daß der Schwerpunkt alles Wirkens und Lebens im Sittlichen ruht.

Aus diesen Betrachtungen, die hier nur zur Characterisirung der Hauptgesichtspunkte des Idealismus in aller Kürze angedeutet werden konnten, ergeben sich die theoretischen Anforderungen, welche wir vermöge der apriorischen Veranlagung unserer Vernunft und unseres Gewissens an die thatsächliche Einrichtung der Welt und unsere Stellung in ihr zu stellen genöthigt werden. Die Summe dieser Anforderungen enthält das Interesse unseres Gemüths an der Gestaltung unserer Weltansicht.

Prüfen wir nun, ob diejenigen thatsächlichen Einrichtungen des Wirklichen, welche die practischen Erfahrungen des Lebens und die Arbeit der Einzelwissenschaften, insbesondere der Naturwissenschaft uns kennen gelehrt haben, jenen Anforderungen widerstreiten?

Schon die Erinnerung an die Ergebnisse der Erwägungen des ersten Theils dieses Abschnittes, welche die Kritik der materialistischen Weltansicht anzustellen nöthigte, wird uns überzeugen, daß ein solcher Widerstreit, wenigstens in der Hauptsache, nicht vorhanden ist, sondern daß nur manche unaufgeklärte Partieen unserer Weltansicht übrig bleiben, welche keine zwingende Nöthigung zu der Vermuthung eines solchen Widerstreits enthalten.

Die wichtigste Errungenschaft der neueren Naturforschung besteht in dem empirischen Nachweise des Vorhandenseins einer allgemeine Gesetzlichkeit in allen bekannten Naturvorgängen. Diese

Gesetzlichkeit widerstreitet nicht, sondern ist grade umgekehrt eine unabweisbare Voraussetzung der Geltung und Wirksamkeit des Sittengesetzes, denn ohne sie könnte man die Folgen der Willensentschließungen nicht voraussehen und deßhalb für den Erfolg seiner Handlungen gar nicht verantwortlich sein. Nur der falsche Schein eines Widerstreits wird durch ein weitverbreitetes Vorurtheil erregt, welches in dem Vorhandensein einer ganz unbedingten und unmotivirten Freiheit des Wollens die Bürgschaft aller Sittlichkeit und aller höheren Güter des Lebens enthalten wähnt. Ich verweise in Betreff dieses Vorurtheils auf meine schon in der Einleitung erwähnte Schrift „Ueber Wesen und Bedeutung der menschlichen Freiheit", wo der Gegensatz von Freiheit und Nothwendigkeit ausführlich behandelt ist. Die Nichtigkeit desselben liegt jedoch schon jetzt auf der Hand, denn sittlich kann überhaupt nur der motivirte Wille sein. Sehen wir davon ab, so bestätigt der empirische Nachweis jener Gesetzlichkeit nur die thatsächliche Erfüllung einer Anforderung der Vernunft, ohne welche es weder Wissenschaft noch Sittlichkeit, noch Ordnung und Recht in der Welt geben könnte. Der Idealismus liefert für jenen empirischen Nachweis nur die tiefere Begründung, indem er uns die allgemeine Gesetzlichkeit alles Geschehens als Consequenz der inneren Wesensbestimmtheit Gottes ihrem Ursprunge und Inhalte nach begreiflich macht.

Das Vorhandensein von Raum und Zeit würde jenen idealistischen Anforderungen nur dann widerstreiten, wenn jene als Realitäten für sich, und nicht vielmehr, wie die Consequenz der idealistischen Weltansicht erfordert, blos als Anschauungen in den lebendigen Wesen betrachtet werden müßten. Dies erwähne ich hier nur vorläufig, da die nähere Ausführung und Begründung dieses Gedankens den Hauptgegenstand des dritten und vierten Abschnitts bildet.

Die Summe der übrigen Naturerscheinungen, welche der Physik Veranlassung zur Aufstellung der Atomtheorie gab, erhält, wie diese Theorie selbst, durch die Grundgedanken des Idealismus erst eine tiefere metaphysische Begründung. Wirken können nur lebendige Wesen, und die Kräfte können nur als innere Erregungen und Zustandsänderungen jener, nicht als irgendwie zwischen den Wesen suspendirte übergreifende Actionen als wirklich gedacht werden. Es giebt keine leblose Atome, die in einem realen Raume vertheilt wären und sich wirklich anziehen und abstoßen könnten, sondern alle zur

Aufstellung dieser Hypothese Veranlassung gebenden Erscheinungen beruhen auf einem inneren Geschehen in den Wesen, welches die Sphäre deren relativen Fürsichseins nicht zu überschreiten vermag. Sollen die Atome wirklich für sich existiren, sollen sie als wirkliche reale Träger der ihnen beigelegten Erscheinungsqualität der Atomität betrachtet werden, so ist das nur möglich, wenn man sie zugleich als mit eigenen specifischen Lebensinteressen begabte lebendige Wesen auffaßt.

Alle Versuche, die metaphysischen Gründe jener physikalischen Hypothese aufzudecken, führen insoweit zu ganz denselben Voraussetzungen zurück, welche die aprioristische Veranlagung der Vernunft und des Gewissens über die thatsächliche Einrichtung des Wirklichen aufzustellen nöthigte. Nur aus einem *geistigen Principe* können die letzten einfachsten Vorstellungen, auf welche die exacte Naturforschung den Thatbestand der Erscheinungswelt reducirt hat, ihrem Wesen und ihrer Bedeutung nach erklärt werden.

Die Atome können auch nicht, nach der gewöhnlichen Auffassung, in pluralistischer Weise als absolut selbständige Wesen gedacht werden. Alle Wechselwirkungen derselben sind vielmehr, wie ich bereits im fünften Kapitel des ersten Theils ausführlich darlegte, nur durch die Annahme eines einheitlichen substantiellen Weltgrundes erklärlich, dessen Einheit nur als Einheit eines alle Erlebnisse auf einander beziehenden Bewußtseins gedacht werden kann. Auch hier treffen alle Versuche der metaphysischen Begründung der Erscheinungen des Wirklichen mit den Grundgedanken der idealistischen Weltansicht zusammen. Nur ein einheitliches persönliches Wesen kann als Grund alles Wirklichen, und alle endlichen Wesen können nur als Momente des Fürsichseins dieses einen Wesens betrachtet werden.

Blicken wir nun auf das Gesagte zurück und erinnern uns der Alternative, vor welche wir uns am Schlusse der Einleitung gestellt sahen, so ist offenbar, daß uns nun zwischen den beiden möglichen Wegen keine Wahl mehr bleibt, daß *nur der Idealismus jene durch den Fortschritt der neueren Naturforschung scheinbar sich öffnende, und durch den Materialismus zur Thatsache gewordene Kluft zwischen den idealen Bedürfnissen des Gemüths und der thatsächlichen Einrichtung der Welt auszufüllen und zu beseitigen vermöge.*

Dieses Resultat kann uns nicht überraschen, denn der Idealismus beruht auf der Einsicht, daß alle Wirklichkeit und alle Erkenntniß desselben göttlichen Ursprungs sein müssen. Alles Geschehen und alle Wesen entspringen nach dieser Auffassung im letzten Grunde aus demselben Quell. Alle Offenbarungsweisen desselben höchsten Wirklichen, müssen für denjenigen, der sie richtig zu würdigen und ihren Zusammenhang zu erkennen weiß, harmonisch zusammenstimmen; alle Formen des Erkennens und Zusammenfassens sind nur Consequenzen der in und mit unserer Naturanlage gegebenen Voraussetzungen, welche den Sinn dieser in eigenthümlicher specifischer Weise zum Ausdruck bringen, wie solches in den drei folgenden Abschnitten näher entwickelt werden wird.

Erwägen wir alle diese Gesichtspunkte, so verschwindet der Wahn, daß die Subjectivität des Erkennens ein Mangel sei, der die metaphysische Erkenntniß unmöglich mache, oder auch nur sie in irgend beklagenswerther Weise beschränke. Von *irgend einem* Standpunkte aus müssen wir doch die Welt betrachten. Der einzige natürliche und mögliche Standpunkt der Weltbetrachtung ist aber derjenige, auf den wir durch unsere Organisation und Naturanlage gestellt sind, denn *wir* sind es doch, die wir die Welt betrachten. *Nur der subjective Standpunkt des Idealismus, welcher sich unmittelbar auf den Boden des Wirklichen stellt, ist daher der rechte Standpunkt für alle philosophische Betrachtung; nur er befähigt uns, die scheinbar auseinandergehenden Ergebnisse des Lebens und Erkennens aus einem einheitlichen Principe zu erkären und zu verstehen.*

Zweiter Abschnitt.

Die Reformbewegung des Kant'schen Kriticismus.

Erstes Kapitel.

Die Grundgedanken des Kriticismus.

Jeder, dem die Bedeutung des Idealismus aus den Entwickelungen des vorigen Abschnitts klar geworden ist, wird mit Interesse nach der historischen Form fragen, in welcher diese neue idealistische Auffassung der Welt zuerst mit reformatischer Kraft hervorgetreten ist. Diese Form ist der Kriticismus Kant's. Ich will die Grundgedanken desselben zunächst übersichtlich zusammenstellen, da ohne deren Verständniß keine klare Einsicht in das Wesen und die Bedeutung der Lehre von der Idealität des Raumes und der Zeit gewonnen werden kann.

Kant wurde seiner eigenen Erklärung nach zuerst durch die Zweifel Hume's angeregt, über den Grund der allgemein vorausgesetzten Nothwendigkeit des Zusammenhanges von Ursache und Wirkung nachzudenken, und wurde dann durch die ihm dabei aufstoßenden Bedenken und Schwierigkeiten zu einer umfassenden Untersuchung über Inhalt und Entstehung aller menschlichen Erkenntniß geführt. Er kam zu der Einsicht, daß die Bilder und Vorstellungen, welche unseren Gesichtskreis thatsächlich erfüllen, und deren gegenseitige Zusammenhänge und Verhältnisse, nicht direkte Gegenstände einer rein receptiven Wahrnehmung sein, daß dieselben nicht in ihrer fertigen Gestalt gleichsam von Außen in den Geist gelangen können, sondern daß dem Geiste ursprünglich nur einfache sinnliche Empfindungen gegeben seien, welche dieser durch selbsteigene Thätigkeit erst zu Bildern und Vorstellungen verarbeite, und daß der Geist selbst erst die Verbindungen und Verhältnisse zwischen jenen Bildern und Ereignissen stifte, welche wir unmittelbar zwischen ihnen wahrzunehmen glauben. Er kam zu der Einsicht, daß insbesondere ein Grund der vorausgesetzten Nothwendigkeit und Allgemeinheit jener Verbindungen und Zusammenhänge nicht in den Dingen und Ereignissen liegen könne, sondern daß dieser Grund in der Einrichtung des percipirenden Geistes selbst gesucht werden müsse, welcher die Dinge und Ereignisse in jenen Formen mit einander verknüpft.

Er richtete sein Augenmerk zuerst auf die sehr merkwürdige Thatsache, daß alle Dinge und Ereignisse in räumlichen und zeitlichen Verhältnissen stehen, daß alle der Art und Größe nach in verschiedenartigen Richtungen mit einander vergleichbar sind, daß alle in Verhältnissen gegenseitiger Abhängigkeit zu einander stehen und in dem Ganzen einer zusammenhängenden Weltansicht mit einander verknüpft erscheinen.

Diese Thatsache ist nicht so selbstverständlich und denknothwendig, als sie uns unter dem zwingenden Eindrucke der Gewohnheit des Lebens erscheint, nachdem diese, so lange wir denken können, faktisch besteht. Es ist nicht undenkbar, daß alle Elementarereignisse des Lebens zusammenhanglos und disparat auseinanderfallen könnten. Dann wäre keine Erfahrung und keine Erkenntniß möglich. Unser Leben würde sich dann als ein wirres Chaos gestaltlos wechselnder Eindrücke darstellen, es würde dann in unserer Auffassung weder Raum noch Zeit, noch Vorstellungen zusammenhängender Dinge und Ereignisse geben. Es ist vielmehr nur eine nothwendige Bedingung und Voraussetzung der Möglichkeit alles Erkennens und aller Erfahrung, daß Verhältnisse und Verbindungen der ursprünglich erlebten Eindrücke wirklich bestehen, und es ist das unsterbliche Verdienst Kant's, daß er zuerst auf diese wichtige Thatsache hingewiesen hat.

Er stellte sich das Problem, diese Bedingungen und Voraussetzungen im Einzelnen zu ermitteln und zu gesondertem Bewußtsein zu bringen, welche Erfahrung und Erkennen möglich machen. Er wollte durch die Gesammtheit dieser Untersuchungen, welche den Inhalt seiner drei Hauptwerke bilden, der Kritik der reinen und praktischen Vernunft und der Kritik der Urtheilskraft, Gegenstand, Werth und Grenzen des menschlichen Erkennens für alle Zukunft zuerst in grundlegender Weise feststellen.

In der That, ein großartiges und gewaltiges Unternehmen, welches mit Recht die Bewunderung seiner Zeitgenossen und der

Nachwelt herausforderte; ein Unternehmen, welches Kant selbst sehr treffend mit der Umkehrung der Auffassung des physischen Weltalls verglich, welche das System des Kopernikus herbeiführte, da es eine totale Umwälzung alles philosophischen Erkennens bewirkte!

Die erste Bedingung der Möglichkeit einer Erfahrung ist die Vereinigung des Mannigfaltigen der Vorstellung in die Einheit ein und desselben Bewußtseins. Es genügt dazu nicht, daß ich mir aller Vorstellungen, die ich habe, einzeln für sich bewußt werde, sondern ich muß auch alle mit einander in Beziehung setzen und alle in einem Bewußtsein zusammenfassen. Die Einheit des Selbstbewußtseins ist daher nach Kant's eigenen Worten „der höchste Punkt, an den die ganze Transscendentalphilosophie geheftet werden muß".

Erst wenn diese oberste Bedingung erfüllt ist, tritt die Frage nach der Form der Verbindungen zwischen den einzelnen Empfindungen und Vorstellungen auf.

Kant unterscheidet im Wesentlichen drei verschiedene Arten solcher Verbindungsformen. Es sind das: die Formen der sinnlichen Anschauung, die Kategorien des Verstandes und die Ideen der reinen Vernunft. Wir wollen diese in den nächsten drei Kapiteln einer gesonderten Betrachtung unterziehen.

Zweites Kapitel.

Die Formen der sinnlichen Anschauung.

Durch die Formen der sinnlichen Anschauung werden die einfachen sinnlichen Empfindungen überhaupt erst zu Vorstellungen und zusammenhängenden Ereignißreihen verbunden. Kant unterscheidet einen äußeren und einen inneren Sinn. Die Form des äußeren Sinnes soll die räumliche, die Form des inneren Sinnes die zeitliche Anschauung sein. Beide Formen sind Einrichtungen des percipirenden Geistes, der die Dinge und Ereignisse nicht anders als räumlich und zeitlich auffassen und zusammenfassen kann. Gegenstand des Erkennens kann daher nach Kants Ansicht nur werden, was in diesen Formen verbunden und zusammengefaßt ist. Alles Erkennen bezieht sich daher auf Gegenstände der Sinnlichkeit. Die außerhalb der Sinnlichkeit etwa noch vorhandenen, in diese Form nicht passenden Gegenstände können überhaupt nicht wahrgenommen und erkannt werden. Erst durch die räumliche Auffassung gelingt es, die einzelnen sinnlichen Empfindungen gesondert zu percipiren und sie zu Bildern und Vorstellungen, und diese selbst wieder zu einem Ganzen zusammenzufassen. Erst durch die Zeitanschauung des inneren Sinnes soll es uns gelingen, die inneren Erregungen unseres Geistes zusammenzubringen und Verhältnisse zwischen ihnen zu denken, sie in der Einheit ein und derselben Erfahrung zu verbinden. Es erhellt daraus ohne Weiteres die principale Bedeutung dieser Formen der sinnlichen Anschauung, welche gewissermaßen die Basis bilden, auf welcher das ganze Lehrgebäude der Kant'schen Philosophie errichtet ist. Ich habe dieselben hier nur kurz erwähnt, da sie den eigentlichen Gegenstand des nächsten Abschnittes bilden werden.

Drittes Kapitel.

Die Kategorieen des Verstandes.

Die Kategorieen des Verstandes sind die Formen, in welchen der Verstand das in den Anschauungen der Sinnlichkeit schon Verbundene zu einer Einheit höherer Art, zur *Einheit der Erfahrung* zusammenfaßt. Die bloße Verknüpfung der Dinge und Ereignisse im Raume und in der Zeit giebt noch keine Erfahrung. Zur Erfahrung werden diese erst verbunden, wenn der Verstand sich ihrer bemächtigt und *andere Arten* der Verbindung zwischen ihnen stiftet, als die Verhältnisse des Nebeneinander und des Vor und nach. Die Funktion des Verstandes ist das *Urtheilen*, das heißt „diejenige Handlung des Verstandes, durch welche das Mannigfaltige der Vorstellung in der Einheit der Apperception zusammengefaßt wird". Die Einheit der Apperception, das ist die Zusammenfassung in ein einheitliches Selbstbewußtsein, ist daher die gemeinsame Form aller Verstandesoperationen. *Alle Principien der Verknüpfung müssen daher aus jenem obersten Grundsatze der Einheit der Apperception abgeleitet werden.*

Kant hat diese Ableitung in dem Abschnitte, welcher „die transscendentale Deduction der reinen Verstandesbegriffe" betitelt und von ihm selbst als der wichtigste Theil seiner Untersuchungen bezeichnet ist, in systematischer Vollständigkeit zu entwickeln versucht.

Der Weg dazu schien durch die Natur der Sache vorgezeichnet. Die Selbstverständlichkeit, mit welcher die logischen Urtheile von jeher als allgemein und nothwendig betrachtet wurden, deutete auf die apriorische Gewißheit derjenigen Verknüpfungsformen, welche jenen Urtheilen zu Grunde liegen. Diese apriorischen Verknüpfungsformen sind nach Kant's Ansicht die gesuchten ursprünglichen Verstandeshandlungen, die Verstandeskategorieen, durch welche alles Mannigfaltige der Erscheinung verknüpft werden muß. Es kam mithin darauf an, jene Kategorieen in systematischer Vollständigkeit aus der Form der Urtheile zu entwickeln.

Leider verfuhr Kant dabei nicht ganz sachgemäß, indem er namentlich einen zu großen Werth auf die Form der Entwickelung und die systematische Vollständigkeit legte. Die Darstellung wird dadurch unnöthig verweitläuftigt, complicirt und verwickelt. Ich werde daher im Interesse der Deutlichkeit nur die Hauptgesichtspunkte hervorheben und die Mängel kurz andeuten, weil diese leicht zu irrigen Auffassungen verleiten können.

Kant legte nämlich seiner Deduction die alte Eintheilung der Urtheile nach der Quantität (allgemeine, besondere, einzelne), der Qualität (bejahende, verneinende, unendliche), der Relation (kategorische, hypothetische, disjunctive) und der Modalität (problematische, assertorische, apodictische) zu Grunde. Er entwickelte aus diesen zwölf Formen der Urtheile zwölf Kategorieen, welche er in der bekannten nachstehenden Weise zusammenstellte:

Tafel der Kategorieen:

1.
Der Quantität.
Einheit
Vielheit
Allheit.

2.
Der Qualität.
Realität
Negation
Limitation.

3.
Der Relation.
Inhärenz u. Subsistenz (Substantia et accidens)
Kausalität u. Dependenz (Ursache u. Wirkung)
Gemeinschaft (Wechselwirkung).

4.
Der Modalität.
Möglichkeit — Unmöglichkeit
Dasein — Nichtsein
Nothwendigkeit — Zufälligkeit.

Diese Tafel soll „die Verzeichnung aller ursprünglich reinen Begriffe der Synthesis sein, die der Verstand a priori in sich enthält".

Jene alte Eintheilung der Urtheile beruht jedoch nur theilweise auf dem hier maßgebenden Gesichtspunkte einer wirklichen specifischen Verschiedenheit derselben. Es ist offenbar, daß es nur so viel wesentlich verschiedene Urtheilsformen geben kann, als es wesentlich verschiedene Bedeutungen der Copula, das heißt verschiedene Nebengedanken giebt, welche wir über die Art der Verknüpfung des Subjekts mit seinem Prädikat uns machen. Solche verschiedene Bedeutungen der Copula treten nur in der Relation zwischen Subject und Prädicat hervor, während in den nach Quantität, Qualität und Modalität unterschiedenen Urtheilen die Art der Verbindung des Subjects mit dem Prädicat stets dieselbe bleibt. So zeigt die Quantität der Urtheile, wonach diese in allgemeine, particulare und singulare eingetheilt werden, offenbar nur die verschiedene Ausdehnung an, in welcher ein und dieselbe Verbindung des Prädicats P mit dem Subjecte S gelten soll. Die Bezeichnung der Quantität soll keine Bezeichnung einer bestimmten Art des logischen Verhältnisses zwischen Subject und Prädicat sein, sondern nur den Umfang der Geltung oder die Häufigkeit des Vorkommens derselben Art des logischen Verhältnisses ausdrücken. In ähnlicher Weise bezieht sich die Qualität der Urtheile, wonach diese in affirmative, negative und limitative eingetheilt werden, stets nur auf die Gültigkeit oder Ungültigkeit bestimmter Urtheile, nicht aber auf die Art der Verbindung des Prädicats und des Subjects in ihnen, welche stets als dieselbe gedacht wird, mag man den Satz „S ist P" bejahen oder verneinen. Durch die Formen der Modalität endlich soll der zwischen S und P gedachten Beziehung ein verschiedener Werth ihrer Geltung beigemessen werden; als blos möglich wird jene Beziehung im problematischen, als wirklich im assertorischen und als nothwendig im apodictischen Urtheile gedacht. Es ist zweifellos, daß alle diese Unterschiede der Quantität, der Qualität und der Modalität vielfach durch die Art der Verbindung des Subjects mit dem Prädicat bedingt, daß sie abhängig sind von der Art der Relation zwischen Subject und Prädicat, aber sie selbst drücken keine neue Art der Relation zwischen Subject und Prädicat aus, welche durch die Eintheilung der Urtheile in kategorische, hypothetische und disjunctive noch nicht mit umfaßt wäre. Sie sind insofern bloße Consequenzen der der letzteren Eintheilung zu Grunde liegenden Verbindungsweisen des Prädicats mit seinem Subject, welche allein in Frage kommen können, wo es sich darum handelt, aus den Formen der Urtheile die reinen ursprünglichen Formen abzuleiten, in denen der Verstand die Gegenstände der Vorstellung mit einander verknüpft.

In der That enthalten auch die Kategorieen der Relation den eigentlichen Reinertrag der Kant'schen Deduction, insofern diese blos auf die Formen der Verbindung der Vorstellungsinhalte gerichtet ist. Dagegen enthalten die Kategorieen der Quantität, wie ich sogleich zeigen werde, eine Reihe anderer höchst wichtiger apriorischer Voraussetzungen über die inhaltliche Natur der zu verbindenden Vorstellungen, ohne welche dieselben überhaupt nicht im Denken miteinander verknüpft werden könnten, während die Kategorieen der Qualität und Modalität auf apriorischen Voraussetzungen der Vernunft beruhen, indem sie sich auf Fragen beziehen, welche überhaupt nicht durch den Verstand, sondern nur durch die werthschätzende Vernunft beantwortet werden können.

Aber selbst die Kategorieen der Relation bringen in der Kant'schen Formulirung die den kategorischen, hypothetischen und disjunctiven Urtheilsformen zu Grunde liegenden apriorischen Verstandesfunctionen nicht ganz genau und präcise zum Ausdruck.

Das kategorische Urtheil ist oft, aber doch nicht immer, von der Vorstellung begleitet, daß das Prädicat als Eigenschaft an dem Subjecte als einem Dinge hafte. Es giebt viele kategorische Urtheile, in welchen weder das Subject als Ding, noch das Prädicat als Eigenschaft betrachtet werden kann. Es giebt nicht blos Urtheile wie: „Die Rose ist roth", oder „der Elephant hat einen Rüssel", sondern auch solche wie: „Laufen ist ein Zeitwort", „ist bedeutet die Copula", „$\sqrt{-1}$ ist eine imaginäre Größe". Das kategorische Urtheil ist daher keineswegs beschränkt auf wirkliche Dinge und deren Eigenschaften, sondern kann sich auch auf bloße Begriffe, auf Unwirkliches, ja selbst Unmögliches beziehen, auf welche die Vorstellungen von Ding und Eigenschaft gar keine Anwendung erleiden.

Das Verhältniß von Ding und Eigenschaft ist auch keineswegs so klar und unmißverständlich, wie Kant solches hier unbedenklich voraussetzt.

Prüfen wir genauer den Sinn dessen, was wir meinen, wenn wir im kategorischen Urtheil der Rose das Roth beilegen, so wird uns alsbald klar, daß dieses Urtheil in der That gar nichts über das Verhältniß des Roth zur Rose aussagt, daß es gar keinen Gedanken über die Art, in welcher das Roth an der Rose haften könnte, zum Ausdruck bringen soll, sondern, daß dasselbe einfach aussagt, daß die Rose roth ist, das heißt, daß die rothe Rose die rothe Rose ist. Beide Glieder des Urtheils, welche durch die Copula „ist" verbunden sind, fallen daher vollkommen zusammen. Durch die Copula „ist" im kategorischen Urtheil können überhaupt nicht verschiedene, sondern nur vollkommen gleiche Inhalte mit einander verbunden werden. Mit dem Subjecte jenes Satzes meine ich die Rose vor der gemachten Wahrnehmung ihrer Röthe, mit dem Prädicat meine ich dieselbe Rose nach der gemachten Wahrnehmung ihrer Röthe. Vor und nach der Wahrnehmung hatte ich dieselbe Rose im Auge oder im Gedanken, und indem ich die Wahrnehmung in jenem Urtheil über die Rose ausspreche, spreche ich keine Vermuthung über die Art aus, wie das Roth an der Rose hafte, sondern ich sage damit nur, daß die Rose eine rothe Rose sei. Wäre es nicht dieselbe Rose, welche ich vor und nach der Wahrnehmung in Gedanken hätte, wäre ich nicht im Stande, dieselbe Vorstellung Rose vor und nach der Wahrnehmung, oder der Erinnerung an die Wahrnehmung in Gedanken festzuhalten, und mir dieser Identität bewußt zu werden, so könnte ich das Urtheil, welches jene Wahrnehmung zum Ausdruck bringt, gar nicht fällen, ich könnte überhaupt die Wahrnehmung gar nicht machen.

Diese Ueberlegung führt uns auf eine allgemeine Voraussetzung, welche allem Wahrnehmen und Denken zu Grunde liegt, und in dem Nebengedanken, der die Glieder des kategorischen Urtheils mit einander verbindet, ihren specifischen Ausdruck findet. Es ist das der Satz der Identität, vermöge dessen in der kategorischen Urtheilsform jeder Inhalt nur als sich selbst gleich gedacht werden kann. Der Satz der Identität, und seine Umkehrung, der Satz des Widerspruchs, ist daher diejenige Verstandeskategorie, welche der Möglichkeit des kategorischen Urtheils zu Grunde liegt, deren Geltung aus der Geltung dieser Urtheilsform gefolgert werden muß.

Indem Kant dieses übersah, und statt dessen aus einigen Beispielen der kategorischen Urtheilsform, welche den Nebengedanken des Dinges und seiner Eigenschaft erwecken, eine Verstandeskategorie der Inhärenz und Subsistenz abzuleiten suchte, nahm er ein Stück alter Metaphysik als angeblich denknothwendigen Bestandtheil in die Tafel seiner Kategorieen auf, welcher für die Gestaltung seiner Gesammtansicht von der verhängnißvollsten Bedeutung werden sollte. Es war nur ein traditionelles Vorurtheil, aber keine denknothwendige Wahrheit, daß alles wahrhaft Wirkliche beharrliche Substanz sein müsse, an welcher die Accidenzen, wie „Eigenschaften an den Dingen", unklar haften könnten. Dieses Vorurtheil war aus dem an sich berechtigten Verlangen hervorgegangen, einen festen bleibenden Kern als Grundlage alles Wirklichen zu begreifen, und aus dem Irrthume, daß nur das starre ruhende Sein einer unbewegten und unbeweglichen Substanz jenem Verlangen genügen könne. Die Beobachtung des Wirklichen widerstreitet dieser Annahme, denn Wirken ist nur eine Art der Veränderung des Wirkenden, Kant suchte daher jenen beharrlichen substantiellen Kern in dem angeblich unerkennbaren Wesen des vorausgesetzten Ding an sich, und betrachtete alles Lebendige nur als Schein, der das wahre Wesen des beharrlichen Ding an sich nicht adäquat zum Ausdruck zu bringen vermöge. Er entzog dadurch dem Wirklichen, welches wir unmittelbar in uns erleben, die rechte Bedeutung, und verlegte das Ziel des metaphysischen Erkennens in ein unerreichbares Gebiet hinter das der lichten Wahrnehmung unmittelbar sich erschließende Wirkliche. Er erhob ein unbegründetes Vorurtheil über die angebliche metaphysische Beschaffenheit der Wesensnatur der Dinge zum Range einer denknothwendigen Wahrheit und statuirte dadurch einen Dualismus von Erscheinung und Ding an sich, dessen verhängnißvolle Consequenzen die freie und fruchtbare Ausgestaltung des großen reformatorischen Gedankens hemmte und beeinträchtigte, durch dessen Aufstellung er die Wissenschaft bereichert hat. Grade um die Größe und Fruchtbarkeit dieses reformatorischen Gedankens in das rechte Licht zu stellen, ist es nöthig, den Mangel jener dogmatischen Fessel hervorzuheben, welcher Kant sich noch nicht ganz entziehen konnte. Solche Hervorhebung ist auch grade für diese populäre Darstellung um so wichtiger, als die durch jenen Mangel nöthig gewordenen Umwege der Kant'schen Gedankenentwickelung nur dazu beitragen, das rechte Verständniß dieser zu trüben und unnöthig zu erschweren.

Ich wiederhole daher, und bitte es wohl zu beachten: Das kategorische Urtheil beruht allein auf der apriorischen Geltung des Satzes der Identität, es beruht nicht auf einer Verstandeskategorie der Subsistenz und Inhärenz. Wir müssen diese letztere Kategorie ganz aus dem Verzeichnisse der denknothwendigen Wahrheiten streichen, wenn wir die Weitläufigkeiten und Irrungen vermeiden wollen, welche durch die Voraussetzung der beharrlichen Unveränderlichkeit der Substanz in das Kant'sche Denken gebracht wurden. Die Beharrlichkeit in diesem Sinne strenger Unveränderlichkeit ist keine denknothwendige Voraussetzung, sie ist ein alter Irrthum, der durch die Beobachtung des Thatsächlichen nicht bestätigt wird. Wirklich ist vielmehr nur das Lebendige; der Gedanke des beharrlichen unbewegten Seins ist lediglich ein Erzeugniß des philosophischen Nachdenkens, und lediglich aus dem Bestreben hervorgegangen, in der Erscheinungen Flucht den festen ruhenden Pol zu finden. Dieses Bestreben wird jedoch durch jenen Gedanken nicht befriedigt, denn die beharrliche Substanz kann nicht als Grund und Ursprung des Lebendigen betrachtet werden, welches den alleinigen Gegenstand unserer directen Wahrnehmung bildet. Der feste und beharrliche Kern des Wirklichen liegt nicht in einem unbewegten und unbeweglichen ruhenden Sein der Substanz, er ist vielmehr in dem gleichbleibenden Sinne dessen zu suchen, was durch die Wirklichkeit des lebendigen Weltprocesses erreicht werden soll, in dem feststehenden Ziele der Weltentwickelung, und in der Einheit des Selbstbewußtseins der göttlichen Substanz, welche alle Momente der Wirklichkeit zusammenfaßt und in einem gleichbleibenden Sinne bewußter Consequenz auf einander bezieht. Diese feste und beharrliche Constanz des Sinnes und Zieles der Weltentwickelung wird durch ein unabweisbares Bedürfniß der werthschätzenden Vernunft gefordert und die apriorische Geltung dieser Vernunftanforderung ist der tiefere Grund, der auch Kant bestimmte, mit hartnäckiger Zähigkeit an dem Gedanken der Beharrlichkeit der Substanz festzuhalten, und ihn als denknothwendige Voraussetzung des zusammenfassenden Verstandes hinzustellen. Kant vergriff sich hier nur in der begriffsmäßigen Formulirung eines an sich richtigen Grundgedankens, aber es ist von höchster Wichtigkeit für das wahre Verständniß und die rechte Würdigung seiner Lehre, den rechten Kern seiner Gedanken hier scharf in's Auge zu fassen und von dem entstellenden Gewande jener dogmatischen Voreingenommenheit zu scheiden. Es ging Kant hier ähnlich wie Luther, der auch mit Zähigkeit an gewissen Dogmen der christlichen Kirche festhielt, welche die Consequenz seines eigenen reformatorischen Grundgedankens nothwendig zersprengen mußte. Wie wir, um den Grundgedanken des Protestantismus voll zur Ausgestaltung und Wirksamkeit zu bringen, die von Luther beibehaltenen Dogmen der christlichen Kirche einer ernsten Kritik unterziehen müssen, so können wir auch die Bedeutung der Reformbewegung des Kant'schen Kriticismus erst recht erfassen, wenn wir die Reste der alten dogmatischen Metaphysik beseitigen, von denen Kant sich nicht gänzlich befreien konnte.

Auch der Gedanke bloßer Gemeinschaft oder Wechselwirkung ist nicht der vollständige Ausdruck der dem disjunctiven Urtheil zu Grunde liegenden Voraussetzung. Das disjunctive Urtheil besagt: Wenn irgend ein Subject S ein M ist, so ist dieses S entweder p^1 oder p^2 oder p^3 oder ..... p^n, wobei $p^1, p^2, p^3, \ldots p^n$ die verschiedenen Arten eines allgemeinen Merkmals P bedeuten, welches in dem Gattungsbegriffe M enthalten ist. Die Möglichkeit des disjunctiven Urtheils setzt also nicht blos eine solche Gemeinschaft der einzelnen Arten voraus, vermöge deren dieselben in einen Allgemeinbegriff zusammengefaßt werden können, sondern sie beruht zugleich auf der weiteren Voraussetzung, daß alle Merkmale, welche den Allgemeinbegriff constituiren, sich gegenseitig zu einem Ganzen zusammensetzen, daß sie zusammengehören, und daß das Gesetz ihrer Zusammengehörigkeit auch das Verhältniß der Merkmale aller einzelnen Arten $S^1, S^2, S^3, \ldots S^n$ des Allgemeinbegriffs M bedinge. Der Geltungsbereich des disjunctiven Urtheils erstreckt sich aber seiner Möglichkeit nach auf das ganze Gebiet des Denkbaren. Alles Denkbare unterliegt daher der allgemeinen Voraussetzung einer durchgängigen inneren Zusammengehörigkeit, welche präciser als der Gedanke bloßer Gemeinschaft den wahren Sinn dieser aus der Geltung des disjunctiven Urtheils abgeleiteten Kategorie zum Ausdruck bringt. Diese innere Zusammengehörigkeit alles Wirklichen und Denkbaren ist der wahre Sinn aller Gemeinschaft und der Grund der Wechselwirkung aller Wesen. Die Thatsache des Bestehens solcher Gemeinschaft und Wechselwirkung aller Wesen enthält eine Reihe weiterer Voraussetzungen, welche in der Vernunftidee gipfeln, daß der ganze Weltproceß auf ein einheitliches Ziel gerichtet, und daß in der durch dieses bestimmten gemeinsamen Richtung der Lebensaufgabe aller Wesen der wahre Grund ihrer inneren Zusammengehörigkeit gesucht werden müsse.

Ohne die Voraussetzung solcher inneren Zusammengehörigkeit würde auch die Kategorie der Causalität keine selbständige Geltung haben können, welche Kant richtig und treffend als die dem hypothetischen Urtheil zu Grunde liegende Voraussetzung bezeichnet. Denn der nothwendige Zusammenhang alles Geschehens nach Ursache und Wirkung, und aller Gedanken nach Grund und Folge, hat das Bestehen einer allgemeinen Gesetzlichkeit zur Voraussetzung, welche eben der specifische Ausdruck jener Zusammengehörigkeit ist. Dies ist ohne Weiteres klar, wenn wir uns an das über den Sinn solcher Gesetzlichkeit und die Art ihrer Geltung im ersten Abschnitt Gesagte erinnern. Gesetze können danach nur gelten, wenn alle Wesen, sei es nach ihrer freien Entschließung oder vermöge einer inneren Veranlagung ihrer Naturen, ihren Geboten freiwillig oder gezwungen Folge leisten. Auch der Gedanke eines allgemeinen Causalzusammenhanges führt daher, gleich wie der Gedanke innerer Zusammengehörigkeit aller Wesen, zu der weiteren Voraussetzung eines einheitlichen Princips des Ursprungs und der Naturbestimmtheit aller Wesen, zu der Vernunftidee, daß die Welt ein zusammengehöriges Ganzes von einheitlichem Ursprung und einheitlichem Zweck sei. Diese Vernunftidee bildet aber nicht eine rein formale, sondern zugleich eine alles Wirkliche umfassende höchst wichtige inhaltliche Voraussetzung unseres Denkens, und es leuchtet schon hier ein, daß die erläuterten sogenannten Verstandeskategorieen nicht blos reine Formen des Denkens sind, sondern daß die Allgemeinheit und Nothwendigkeit ihrer Geltung auf sehr bedeutsamen und umfassenden Vernunftideen über die inhaltliche Natur alles Wirklichen beruht.

Schließlich will ich nicht unerwähnt lassen, daß die innere Zusammengehörigkeit und der Causalzusammenhang alles Wirklichen ihrerseits wiederum nicht gedacht werden können, ohne daß allen Vorstellungsinhalten eine solche Treue und Beständigkeit innewohnen, vermöge deren jeder ist, was er ist, und bedeutet, was er bedeutet, denn sonst könnten dieselben weder ihrem Sinne nach zusammengehören, noch ihrer Geltung nach durch einander bedingt sein; sie könnten dann überhaupt nicht in festen Beziehungen zu einander stehen. Alle drei Verstandeskategorieen, welchen die Formen der Verbindung des Mannigfaltigen in unserer Vorstellung nothwendig genügen müssen, wenn deren Vereinigung zu dem Ganzen einer Erfahrung überhaupt möglich sein soll, nämlich: Der Satz der Identität, der Satz des zureichenden Grundes und der Gedanke der inneren Zusammengehörigkeit aller Vorstellungsinhalte, stehen daher in einem so engen gegenseitigen Zusammenhange, daß sie sich alle ihrem Wesen und ihrer Geltung nach gegenseitig bedingen.

Die Apriorität der Voraussetzungen, welche Erfahrung und Wissenschaft möglich machen, erstreckt sich, wie ich soeben schon hervorhob, nicht blos auf die Form der Verbindung der Vorstellungsinhalte, sondern auch in umfassendem Maße auf die Beschaffenheit der Vorstellungsinhalte selbst.

Die Möglichkeit, Allgemeinbegriffe zu bilden, beruht, wie Lotze sehr richtig bemerkt (Logik S. 91 und 520), eben darauf, daß nicht jeder Vorstellungsinhalt unvergleichbar mit jedem anderen ist, daß vielmehr Farben, Töne, Gestalten sich in Reihen mit erkennbar abgestufter Verwandtschaft ihrer Glieder ordnen; daß es außer den Verwandtschaften auch Gegensätze von verschiedener Weite des Unterschiedes und ein Aufheben des Entgegengesetzten, daß es endlich vor Allem ein System von Größenbestimmungen in der Welt des Denkbaren giebt, durch deren Anwendung mittelbar auch die an sich nicht vergleichbaren Glieder verschiedener Inhaltsreihen in gegenseitige Beziehung gebracht werden können. Diese apriorische Beschaffenheit unserer Vorstellungsinhalte ermöglicht uns, dieselben überhaupt mit einander zu vergleichen und von einander zu unterscheiden. Die gleichartigen oder gleichen Vorstellungen geben Veranlassung, ihre Wiederholungen von einander zu trennen, sie zu verknüpfen, zu zählen. So gelangen wir zu den Vorstellungen des Einen und Vielen, des Mehr oder Minder, des Größeren und Kleineren, in welchen drei Paaren von Größenvorstellungen alle Maßstäbe der Unterscheidungen für die Einzelbeispiele jedes Allgemeinen gegeben sind (l. c. S. 33).

Es ist die apriorische Natur der Vorstellungsinhalte, welche Kant in den Kategorieen der Quantität anerkannt und zur Geltung gebracht hat, und dies ist die Bedeutung, welche jenen Kategorieen innewohnt.

Es ist wichtig, diese Unterscheidung ausdrücklich hervorzuheben, welche Kant übersehen zu haben scheint, indem er den gesammten Inhalt unserer Erkenntniß der Erfahrung, und nur ihre Form der angeborenen Thätigkeit des Geistes zuschrieb. In der That wußte er sehr wohl, daß auch die einfachen sinnlichen Empfindungen, die recht eigentlich den primitiven Inhalt aller unserer Wahrnehmung bilden, uns nicht fertig von Außen kommen, daß sie vielmehr nur als Rückwirkungen unserer eigenen geistig sinnlichen Natur auf die auf uns von Außen einwirkenden Reize gelten können, daß sie die a priori uns eigenthümlichen Möglichkeiten des Empfindens sind, die zur Wirklichkeit in bestimmter Reihenfolge freilich durch äußere Veranlassungen berufen, uns doch nicht durch diese Veranlassungen fertig überliefert werden (Lotze Logik S. 52). Thatsächlich hat Kant diesen Sachverhalt nicht nur im Allgemeinen, sondern auch speciell dadurch anerkannt, daß er die Kategorieen der Quantität mit in seine Kategorieentafel aufnahm, aber er irrte doch darin, daß er dieselben aus den Formen des allgemeinen, des particularen und singularen Urtheils ableiten zu können wähnte, und dieser Fehlgriff war, wie sich später zeigen wird, nicht ohne tiefgreifende Bedeutung für die Gestaltung des Ganzen seiner metaphysischen Weltansicht.

Der Reinertrag der Kant'schen Deduction der Verstandeskategorieen führt nach der von uns versuchten Ergänzung und Erläuterung zu einem von der aufgestellten Kategorieentafel zwar etwas abweichenden, aber hoffentlich übersichtlicheren und sachgemäßeren Ergebnisse.

Die Möglichkeit aller Erfahrung ist danach bedingt:

a. In formaler Hinsicht:

1. durch den Satz der Identität,
2. durch den Satz vom zureichenden Grunde,
3. durch die Voraussetzung einer allgemeinen Zusammengehörigkeit aller Vorstellungsinhalte.

b. In materialer Hinsicht:

4. durch die thatsächlich vorhandene Vergleichbarkeit und Unterscheidungsfähigkeit aller Vorstellungsinhalte.

Viertes Kapitel.

Die Ideen der Vernunft.

Die Formen der sinnlichen Anschauung, die Kategorieen des Verstandes und die Vergleichbarkeit und Unterscheidungsfähigkeit der Vorstellungsinhalte sind zwar Vorbedingungen, ohne welche Erfahrung und Erkenntniß nicht möglich sind, aber sie reichen für sich allein nicht aus, sondern bedürfen noch einer Ergänzung, wenn Erfahrung und Erkenntniß wirklich stattfinden sollen.

Zunächst ist klar, daß von Erkennen der Wahrheit nur die Rede sein kann, wenn es überhaupt eine Wahrheit giebt, und wenn das Erkennen der Wahrheit einen in der menschlichen Naturanlage begründeten Zweck hat. Beides setzen wir voraus, wenn wir uns an die Arbeit des Erkennens machen. Die allgemeinsten Voraussetzungen, von denen wir bei allem Erkennen ausgehen, sind daher die, daß es überhaupt eine Wahrheit gebe, und daß das Erkennen derselben auf einem in der menschlichen Naturanlage begründeten Bedürfnisse beruhe, daß dasselbe einen Zweck habe.

Das Vorhandensein der ersteren Voraussetzung wird uns durch ein aprioristisches Gefühl unmittelbarer Evidenz bezeugt, welches allen bejahenden und verneinenden, allen assertorischen, problematischen und apodictischen Urtheilen zu Grunde liegt, und dessen empfundene Allgemeinheit und Nothwendigkeit die Apriorität der Kant'schen Kategorieen der Qualität und Modalität bedingt. Die Geltung dieser Kategorieen beruht, wie ich schon oben erwähnte, auf einem werthschätzenden Interesse der Vernunft von apriorischer Geltung. Dieses Vernunftinteresse besteht darin, daß die Bilder und Vorstellungen, welche unseren Gesichtskreis erfüllen, nicht ein zweckloses Spiel des Zufalls, daß dieselben nicht ein wirrer inhaltloser Traum seien, daß vielmehr deren Gesammtheit eine ernste Bedeutung habe, indem sie zur Verdeutlichung und Vergegenständlichung eines werthvollen Inhalts bestimmt sei. Das Erkennen der Wahrheit ist dann nicht blos Befriedigung der Neugierde, sondern es hat einen ernsten ethischen Zweck, der ein wichtiges Moment zur Erreichung unserer Lebensbestimmung in sich schließt. Diese Bedeutung wohnte dem Erkennen in der Werthschätzung der Menschen thatsächlich von jeher inne, so weit die Erfahrung der Geschichte reicht, ohne solche Werthschätzung würde es überhaupt keine Wissenschaft und kein zusammenhängendes Erkennen geben können.

Kant wußte das sehr wohl, und wenn er aus dem thatsächlichen Vorhandensein der bejahenden und verneinenden, der problematischen, assertorischen und apodictischen Urtheilsformen die Kategorieen der Qualität und Modalität ableitete, so bestimmte ihn in der That nichts weiter als das a priori gewisse Gefühl, daß es überhaupt eine Wahrheit gebe, und das Erkennen der Wahrheit einen unbedingt werthvollen Zweck habe, insofern es zur Bestimmung der Richtung und des Ziels unseres Lebens unentbehrlich sei. Er vergreift sich auch hier, verleitet durch seine Vorliebe für die symmetrische Anordnung seiner Kategorieentafel, gewissermaßen nur im Ausdruck, ohne in dem Gefühle des Richtigen zu irren, wenn er jene Kategorieen als bloße Formen der Verbindung der Vorstellungen hinzustellen sucht, denn Niemand fühlte so sicher und bestimmt als Kant, daß es bei der bloßen Thatsächlichkeit jener Formen nicht sein Bewenden haben könne, sondern daß das Vorhandensein derselben auf einem unabweisbaren Interesse der Vernunft beruhe, und daß die Unabweisbarkeit dieses Interesse eben die Nothwendigkeit und Allgemeinheit der Kategorieen der Qualität und der Modalität begründe.

Es ist wichtig, sich dies völlig klar zu machen, wenn man die wahre Ansicht Kant's recht verstehen und würdigen und seine Ausdrucksweise nicht mißdeuten will, denn es ist ein Grundzug dieser Ansicht, auf dem ihre ganze Lebenskraft beruht, daß sie die Idee der Wahrheit als auf einem apriorischen Vernunftinteresse beruhend anerkennt.

Die systematische Anordnung der Kategorieentafel hat vielfach den Irrthum erregt, Kant habe blos die Möglichkeit einer rein formalen Geltung der Wahrheit zugegeben, die Erkenntniß materialer Wahrheit aber für unmöglich erklärt. Dieser Irrthum liegt um so näher, weil Kant in der That die Unerkennbarkeit der Dinge an sich behauptete und zugleich das wahre Wesen in ihrem unerkennbaren „An sich" enthalten wähnte. Grade diese Behauptung aber hätte Kant gar nicht aufstellen können, wenn er nicht das Erkennen der materialen Wahrheit im Grunde als die wahre Aufgabe der Wissenschaft betrachtet hätte. Nur weil er die letztere Aufgabe als die wahre betrachtete, bezeichnete er die seiner Ansicht nach den Formen der Sinnes- und Verstandeserkenntniß unzugängliche wahre Natur der Dinge als unerkennbar, nur deßhalb betrachtete er die Subjectivität des menschlichen Erkennens, welche der Grund solcher Unerkennbarkeit sein sollte, als einen principalen Mangel alles Erkennens, welcher alle Metaphysik unmöglich mache, nur deßhalb endlich suchte er in den Ideen der Vernunft eine nothwendige Ergänzung der seiner Ansicht nach allerdings thatsächlich rein formalen Verstandeserkenntniß, weil ihm diese für den Zweck des Lebens und Erkennens nicht genügte. Grade daraus geht hervor, daß ihm das wahre letzte Ziel des Erkennens höher lag als in der Erreichung blos formaler Verstandeserkenntniß, daß dasselbe auf die materiale Wahrheit gerichtet war, und daß er nur in dieser Befriedigung jenes höchsten Vernunftinteresse finden zu können glaubte.

Zur Erkenntniß dieser materialen Wahrheit reichen nun nach Kant's Ansicht die bisher erörterten Formen der sinnlichen Anschauung und der Verstandeskategorieen nicht aus. Es muß vielmehr noch eine höhere Form der Verknüpfung geben, durch welche erst die Einheitlichkeit aller Verstandeserkenntniß, ihre Zusammenfassung zu einem in sich zusammenstimmenden Ganzen und ihre practische Anwendung auf das Sittengesetz bewirkt werden kann.

Diese höhere Form der Verknüpfung sind die Ideen der Vernunft.

Es sind das Voraussetzungen über das „An sich" der Dinge, aber nicht willkürliche sondern apriorische Voraussetzungen, deren Allgemeinheit und Nothwendigkeit darin bestehen soll, daß sie in der Natur der Vernunft begründet und mit dieser gegeben sind. Die Ideen sollen Formen der Vernunftthätigkeit sein, während die Kategorieen blos Formen der Verstandesthätigkeit sind.

Kant hat drei solcher Ideen aufgestellt: die psychologische, kosmologische und die theologische Idee.

Um den Inhalt und Sinn derselben recht zu verstehen, müssen wir auf den einheitlichen Grund recurriren, aus dem dieselben in ähnlicher Weise abgeleitet werden, wie die Verstandeskategorieen aus der Einheit des Selbstbewußtseins. Die Aufgabe der Vernunft ist, Einstimmigkeit der Erfahrung herbeizuführen, und den

Zweck des Erkennens zu erklären. Ersteres kann nur durch Letzteres geschehen. Die Einstimmigkeit der Erfahrung kann nur auf der Voraussetzung eines einheitlichen Zweckes alles Lebens und Erkennens beruhen, und nur aus diesem begründet werden. Diesen Zweck offenbart uns die Thatsache des Sittengesetzes.

Die Thatsache des Sittengesetzes, das unbedingt verpflichtende Soll in uns, ist der tiefste factische Grund, aus welchem Kant die Ideen der Vernunft ableitete.

Das Sittengesetz kann nur unter drei Voraussetzungen stattfinden.

a. Als Subject desselben kann nur eine einheitliche *unsterbliche* Seele begriffen werden, denn nur in einem unendlichen Progressus kann das Ziel sittlicher Vollkommenheit erreicht werden.

b. Die Seele muß *frei* sein, weil sie sonst nicht für ihr Handeln verantwortlich wäre, und der Schauplatz ihrer Thätigkeit muß ein einheitlicher geordneter Kosmos sein, weil nur ein solcher die Voraussicht und Berechenbarkeit der Folgen des sittlichen Handelns ermöglicht.

c. Nur ein lebendiger persönlicher *Gott* kann als Grund der beiden ersten Voraussetzungen gedacht werden.

Gott, Freiheit und Unsterblichkeit sind deßhalb die drei Voraussetzungen, welche wir durch die *Thatsache des Sittengesetzes über das Wesen der „Dinge an sich" zu machen genöthigt werden.* Es sind die Formen, denen das Wirkliche genügen muß, wenn es Erfahrung und Sittlichkeit geben, wenn Leben und Erkennen einen Zweck haben sollen.

Können wir daher auch das wahre Wesen der „Dinge an sich" nach Kant's Ansicht nicht direct und unmittelbar erkennen, so nöthigt uns doch die Naturanlage unserer Vernunft, die Erfüllung jener drei Postulate in der Welt der „Dinge an sich" als gegeben vorauszusetzen, weil es sonst weder Erfahrung noch ein Sittengesetz geben könnte. Jene Voraussetzungen offenbaren uns kein *Wissen* über die „Dinge an sich", aber sie begründen einen practischen Glauben an die Realität ihres Inhalts, der für die Bedürfnisse des Lebens ausreichen soll. Dieselben beziehen sich überhaupt nicht auf Gegenstände des Wissens, denn dieses soll sich ja nicht über die Welt der Erscheinungen hinaus erstrecken können, sondern sie haben nur den Zweck, als *regulative Principien* Einstimmigkeit in unser Leben und Erkennen zu bringen. Wir sollen das Leben und die Welt im theoretischen und practischen Gebrauche so ansehen, als ob Gott, Freiheit und Unsterblichkeit wirklich wären.

Dies sind in kurzen Umrissen die Grundgedanken des Kant'schen Kriticismus.

Dieselben eröffnen uns zwei neue Gesichtspunkte, welche für die Gestaltung der nachkantischen Philosophie von reformatorischer Bedeutung werden sollten.

Der erste Gesichtspunkt beruht auf dem Gedanken, daß alle Weltbetrachtung nur Betrachtung von einem bestimmten Standpunkte aus sein könne. Die Grundvoraussetzung ist hier, daß wir überhaupt auf einem bestimmten Standpunkte stehen, der eine Aussicht und Umschau möglich macht, mag der Horizont, der dieselbe begrenzt, enger oder weiter gezogen sein. Der Standpunkt, auf welchem wir stehen, ist die Einheit des Selbstbewußtseins, welche uns in die Lage setzt, alle peripherischen Momente der Wahrnehmung auf einander und auf uns selbst zu beziehen. Die Organe der Erfassung und Zusammenfassung aller Wahrnehmungselemente zu dem Ganzen einer Erkenntniß sind die sinnlichen Anschauungen, die Kategorieen des Verstandes und die Ideen der Vernunft. Der Horizont unseres Erkennens ist durch die Tragweite dieser Organe bedingt. Wir können nur erfassen, was diesen Organen zugänglich ist, wir können das Erfaßte nur in den Formen verbinden, welche uns jene Organe an die Hand geben.

Die formale Natur dieses ersten Gesichtspunkts wird durch die inhaltlichen Voraussetzungen des zweiten ergänzt. Dieser offenbart uns, daß wir nicht auf einem völlig isolirten Standpunkte stehen, daß wir nicht nur einheitliche Wesen sind, sondern daß unser Leben mit dem Ganzen der Welt durch übergreifende causale und teleologische Beziehungen verknüpft ist, deren Gesammtinhalt im Wesentlichen dadurch bestimmt wird, daß wir durch unser Leben eine Bestimmung zu erfüllen haben, welche uns durch den einheitlichen Zweck des Weltprocesses aufgegeben ist. Vernunft und Gewissen offenbaren uns, daß es überhaupt eine Wahrheit giebt, und daß der wesentliche Inhalt dieser Wahrheit seinem Sinne und seiner Bedeutung nach in den Voraussetzungen des Sittengesetzes enthalten ist. Ist unser

Standpunkt daher auch lediglich ein subjectiver, indem unser Erkennen nicht direct über die Sphäre unseres Wesens überzugreifen vermag, so bilden die Offenbarungen der Vernunft und des Sittengesetzes doch eine Brücke, welche unser subjectives Erkennen mit dem Ganzen der Welt verknüpft. Wir selbst gehören diesem Ganzen an, und werden durch die Gewißheit des Sittengesetzes überzeugt, daß die Voraussetzungen dieses in der Einrichtung und dem Inhalte des Ganzen der Welt nothwendig erfüllt sein müssen.

Beide Gesichtspunkte ergänzen sich gegenseitig. Die Beschränktheit des subjectiven Standpunkts wird aufgehoben durch die Werthidee des Ganzen, welche uns das Sittengesetz offenbart, durch deren Verdeutlichung wir trotz des subjectiven Standpunkts eine Aufklärung über Sinn und Zweck des Ganzen erlangen. Im Lichte dieser Aufklärung erscheinen dann auch die subjectiven Organe der Erfassung, welche die apriorischen Voraussetzungen unseres Erkennens bilden, als sinnvolle und zweckmäßige Einrichtungen in dem Gesammtorganismus des Ganzen der Welt, welche bestimmt sind, dem individuellen Geiste den Sinn und Zweck der ganzen Weltentwickelung auf besondere Art begreiflich zu machen. Letzteres erscheint nun als der wahre Zielpunkt des philosophischen Erkennens. Sinn und Zweck der Weltentwickelung können nur im Geiste offenbar und wirklich werden, das geistige Leben wird daher auch außerhalb der individuellen subjectiven Geistessphäre als der eigentliche Kern aller Wirklichkeit und alles Geschehens betrachtet. Die Natur, das materielle Dasein und Wirken, tritt in die untergeordnete Rolle eines Systems von Mitteln, eines bloßen Mechanismus zur Gestaltung und Entfaltung des geistigen Lebens zurück. Die beherrschende Stellung des Geistes gegenüber der Natur konnte nicht überzeugender und wirksamer dargelegt werden, als durch den Grundgedanken des Kriticismus, welcher die ganze phänomenale Wirklichkeit der uns scheinbar umgebenden Außenwelt als ein Erzeugniß psychischer Functionen erscheinen läßt.

Die reformatorische Kraft dieses neuen Grundgedankens beruht theils in der neuen Aufklärung, welche er über alle Gegenstände des Erkennens und deren inneren Zusammenhang verbreitet, theils in seiner hohen ethischen Bedeutung.

Im Lichte jener Aufklärung erscheinen die Organe des Erkennens erst als das, was sie in Wahrheit sind, als schöpferische Principien der Gestaltung aller Gegenstände und Verhältnisse unserer Vorstellungswelt, die Grundgesetze des Erkennens stellen sich zugleich als Grundgesetze der Entstehung aller unserer Anschauungen und Begriffe über das Wirkliche dar. Die ganze phänomenale Wirklichkeit erscheint nun als nothwendige Consequenz der in unserer Naturanlage gegebenen Principien der Zusammenfassung und Ordnung, welche wiederum durch den Zweck und die Bestimmung unseres Lebens Inhalt und Form empfangen. Der Grundgedanke des Kriticismus besteht in der Einsicht, daß wir die Welt in uns aufbauen, indem wir sie erkennen, und daß das Sittengesetz in uns der Grundriß dieses Baues sein soll.

Das Bewußtwerden, die Befestigung und Ausgestaltung dieses Grundgedankens war die Hauptaufgabe und das Ziel des Kriticismus. Kant hat diesen Gedanken in seiner vollen Tiefe erfaßt, aber nichtsdestoweniger Reste der alten Metaphysik auf das von ihm neu erschlossene Gebiet mit herübergenommen, welche ihn in der freien Ausgestaltung jener Aufgabe hemmten. Er konnte das alte Vorurtheil der Beharrlichkeit der Substanz nicht loswerden, und dieses Vorurtheil hinderte ihn, den vollen Wahrheits- und Wirklichkeitskern dessen anzuerkennen, was wir unmittelbar in uns erleben, und diese Offenbarung des Wirklichen in uns entsprechend zu würdigen. Er konnte die Veränderlichkeit der Erscheinungswelt mit seinem metaphysischen Ideale starrer Unveränderlichkeit des wahren substantiellen Seins nicht zusammenreimen. Anstatt in den unmittelbaren Erlebnissen des percipirenden Geistes die Selbstoffenbarung und höchste Blüthe des Wirklichen anzuerkennen und daraus die metaphysischen Grundbegriffe erst zu schöpfen, wurde er durch jenes Vorurtheil angeblicher Unveränderlichkeit der Substanz verleitet, die helle Wirklichkeit der lebendigen Erscheinungswelt als bloßen Schein zu deuten und dahinter noch ein unerkennbares unveränderliches „Ding an sich“ als eigentlichen Träger jenes Scheins vorauszusetzen.

Will man die Intentionen Kants recht verstehen und dem großartigen Grundgedanken des Kriticismus die Bahn frei machen, so muß man jene dogmatische Fessel lösen, welche die Schwingen des Kant'schen Genius bindet, so muß man das letzte Wirkliche nicht als unveränderliche Substanz, sondern als die lebendige Persönlichkeit Gottes betrachten, dessen Wesen sich uns in den Voraussetzungen der

Vernunft und des Gewissens offenbart. Die Nothwendigkeit solcher Ergänzung ist eine unabweisbare Consequenz des Kant'schen Grundgedankens selbst, welche allen Lehren dieses großen Weltweisen erst den rechten Abschluß giebt. Ich hoffe, daß es mir gelingen wird, dieses im nächsten Abschnitte bei der Betrachtung der Lehre von der Idealität des Raumes und der Zeit noch näher und anschaulicher darzulegen.

Dritter Abschnitt.

Die Lehre von der Idealität des Raumes und der Zeit.

Erstes Kapitel.

Die Unhaltbarkeit der gewöhnlichen Auffassung der Realität des Raumes und der Zeit.

Die Bedeutung des Kant'schen Grundgedankens, daß die ganze phänomenale Wirklichkeit der uns scheinbar umgebenden Außenwelt zunächst nur als Erzeugniß psychischer Functionen gelten müsse, zeigt sich nirgends so tiefgreifend und umgestaltend als in der Lehre von der Idealität des Raumes und der Zeit.

Nichts scheint durch den Augenschein des täglichen Lebens so selbstverständlich und festgegründet zu sein, als die Realität einer uns in räumlicher Ausdehnung umgebenden Welt, in der wir selbst sind und uns bewegen, als die Realität des wirklichen Zeitverlaufs, der in unaufhaltsamem Strome alle Ereignisse mit sich zu führen scheint. Zeit und Raum erscheinen nach der gewöhnlichen Auffassung als die feste reale Basis, ohne die Nichts sein noch geschehen kann, deren Gesetzen alles Wirkliche als Bedingungen seiner Möglichkeit unterworfen sein müsse; sie erscheinen als vorweltliche Realitäten, welche den festen Rahmen alles Wirklichen bilden.

Und doch ist diese scheinbar so einfache, natürliche und selbstverständliche Auffassung nicht nur an sich unhaltbar und voll innerer Widersprüche, sondern sie ist in ihren Consequenzen ganz unvereinbar mit den durch die apriorische Naturanlage der Vernunft und des

Gewissens gegebenen sittlichen und religiösen Voraussetzungen über die Einrichtung des Weltganzen und das Ziel des Weltprocesses.

Man muß sich diese Consequenzen nur einmal klar vergegenwärtigen, um ihre Tragweite recht zu verstehen und zu würdigen.

Ist der Raum eine wirkliche Realität für sich, ist die Welt selbst eine unendlich ausgedehnte Größe, so kann sie nicht als einheitliches zusammengehöriges Ganzes begriffen werden, denn es fehlt der beliebig über alle denkbaren Grenzen hinaus ins Unendliche sich erweiternden Ausdehnung jedes Princip innerer Zusammengehörigkeit und Concentration. Es kann ein solches Princip nicht geben, da die Ausdehnung, welche über alle Grenzen des ausgedehnten Realen hinaus durch willkürliche Synthesis bis ins Unendliche erweitert gedacht werden kann, an sich gänzlich leer und inhaltlos gedacht werden muß. Mögen die Grenzen des einheitlichen Weltganzen unendlich weit gerückt erscheinen, grenzenlos im strengen Sinne kann ein einheitliches Ganzes nicht gedacht werden, denn mit der Verneinung der Grenzen wird nur in anderer Form die Zusammengehörigkeit der Einzelmomente des als grenzenlos Gedachten geleugnet. Der Begriff Grenze in seiner Anwendung auf das Weltganze bedeutet nicht Abgrenzung gegen ein noch außer ihm vorhanden gedachtes Reales, sondern Abgrenzung gegen das Nichts, das heißt mit anderen Worten: Wenn wir die Begrenztheit der Welt behaupten, so behaupten wir nur, daß alles Vorhandene bis an die Grenze des Nichts mit zu ein und derselben Welt gehöre, daß die Welt also ein zusammengehöriges Ganzes bilde. Dieser Begriff der inneren Zusammengehörigkeit zerfließt in sich selbst, wenn wir die princip- und grenzenlose Ausdehnung des leeren Raumes als einen Bestandtheil, eine Eigenschaft oder Form des Wirklichen mit in den Begriff des Weltganzen aufnehmen.

Ist der Raum eine Realität, so muß das Wirkliche entweder selbst ausgedehnt, oder in punktueller Form im Raume vertheilt gedacht werden.

Die erstere Alternative führt zu einer dynamistischen Weltauffassung, deren Unhaltbarkeit sich schon aus der Beobachtung dessen, was in uns selbst vorgeht, mit zwingender Nothwendigkeit ergiebt. Alle primitiven Erlebnisse, durch deren Vermittelung wir unsere Vorstellungen über das Wirkliche bilden, alle Gefühle, Empfindungen, Gedanken und Strebungen sind intensive Erregungen unserer unräumlichen Seele, nicht extensive Größen oder Bewegungsarten einer extensiven Größe. Die dynamistische Weltansicht, die das letztere behauptet, welche die Kräfte wie elastische Fluida zwischen den Wesen betrachtet und auch die Vorgänge des geistigen Lebens aus solchen zusammensetzen und erklären möchte, schöpft ihre Argumente nicht aus der unmittelbaren Beobachtung des Lebens, sondern ist hier ganz von jener tiefeingewurzelten Gewohnheit beherrscht, welche uns beständig antreibt, uns den Inhalt jener Beobachtung durch ränmliche Bilder und mechanische Analogieen zu erläutern und zu verdeutlichen. Es ist bequem und verführerisch, diese sinnlichen Bilder und Analogieen als reale Eigenschaften auf das Wirkliche zu übertragen, und sich dessen Verständniß dadurch scheinbar näher zu rücken. Dies ist aber eine mißverständliche Uebertreibung einer innerhalb ihrer Schranken vollkommen gerechtfertigten und nützlichen Vorstellungsweise, deren wir uns im täglichen Leben stets mit Glück und Erfolg zu bedienen pflegen. Auf metaphysischem Gebiete führt dieses Verfahren zu einer Verfälschung und Verunstaltung unserer Auffassung des ursprünglich Wirksamen. Dasselbe führt dazu, daß wir die Verhältnisse, Beziehungen und Kraftwirkungen, welche wir zwischen den realen Wesen anzunehmen, durch die Beobachtung des Lebens veranlaßt werden, und welche wir jener Gewohnheit nach zunächst bildlich *zwischen* den als räumlich getrennt und selbst ausgedehnt vorgestellten Wesen als irgendwie räumlich suspendirt oder expandirt denken, nun auch in der That *in dieser Gestalt objectiviren, und in sie, in die zwischen den realen Wesen irgendwie ausgespannt gedachten Verhältnisse, Beziehungen und Kraftwirkungen das nur intensiv erlebbare Wesen des Wirklichen künstlich hineinprojiciren.* Wir täuschen uns dann selbst, indem wir wähnen, die ursprünglich bildlich gemeinten, und nur durch einen metaphysischen Fehlschluß künstlich objectivirten Inhalte unserer Vorstellungen unmittelbar in ihrer ausgedehnten Gestalt wahrgenommen zu haben.

Suchen wir uns klar zu verdeutlichen, was wir eigentlich mit jenen bildlichen Vorstellungen und Analogieen im Sinne hatten, und was die Vorgänge an sich bedeuten, welche wir uns dadurch versinnlichen, so werden wir inne, daß alle unmittelbaren Erlebnisse nur Arten sind, wie uns zu Muthe ist, wie wir uns befinden, daß alle nur *intensive* Erregungen unseres Wesens sind und sein können, und daß es ganz widersinnig ist, eine Empfindung, ein Gefühl, einen Gedanken oder einen Willensakt in räumlicher Ausdehnung zu denken; wir werden dann inne, daß wir die wahre Natur unseres eigenen Wesens und alles Wirklichen nur im Leben und Wirken selbst zu erfassen vermögen, also in intensiven Erregungen eines an sich unausgedehnten Wesens; daß Verhältnisse, Beziehungen und Kraftwirkungen solcher Wesen objektiv nur wirklich sein können als das, was die an sich unausgedehnten Wesen selbst durch ihr Zusammensein und Aufeinanderbezogensein leiden und in sich erleben, und daß jene Verhältnisse, Beziehungen und Kraftwirkungen subjektiv nur wirklich seien als die Thaten des Beziehens und Vergleichens in der Seele des Beobachters, welcher die Vorstellungen jener realen Wesen in seinem Bewußtsein mit einander in Beziehung bringt. Verhältnisse, Beziehungen und Kraftwirkungen können daher überhaupt niemals wirklich zwischen den realen Wesen vorhanden, sie können überhaupt nicht objektiv und in räumlicher Ausdehnung gedacht für sich wirklich sein, und ebensowenig kann das Wesen und Wirken des Realen selbst in dieser bildlichen räumlich ausgedehnten Form an sich bestehen und wirklich sein. Alles Geschehen ist an sich unräumliches Geschehen, und kann nicht an einem ausgedehnten Realen haften. Die ganze dynamistische Weltansicht, welche das Gegentheil behauptet, beruht auf einer metaphysisch undenkbaren und verkehrten Objektivirung bildlicher Vorstellungen, durch welche wir uns unsere intensiven Erlebnisse zu verdeutlichen suchen.

Alle diese Versuche scheitern, wenn wir Ernst damit machen, an ihrem eigenen inneren Widersinne und an dem Thatbestande des innerlich unmittelbar Erlebten, sie alle enden damit, daß wir, wenn wir die Vorstellung des realen Raumes trotzdem beibehalten, das wirksame Reale doch nur in punktueller Form im Raume enthalten und vertheilt, und daß wir diese unausgedehnten lebendigen realen Wesen als die eigentlichen Sitze und Ausgangspunkte alles Wirkens und Lebens zu denken genöthigt werden.

Die solchergestalt corrigirte Auffassung führt daher zunächst zur atomistischen Weltansicht.

Danach erscheint alles wirksame Reale in selbst unausgedehnten Punkten concentrit, welche im Raume vertheilt und doch in durchgängiger Wechselwirkung mit einander stehend gedacht werden. Die

Atome erscheinen demnach als selbständige Wesen, welche durch anziehende und abstoßende Kräfte auf einander wirken, und sich durch die wechselnde Art und Intensität dieser Wechselwirkungen ihre gegenseitigen Stellungen im Raume bestimmen. Die völlige Unhaltbarkeit auch dieser Auffassung habe ich schon im 6. Kapitel des ersten Theils des ersten Abschnittes ausführlich dargelegt. Undenkbar und widerspruchsvoll in sich selbst war die Annahme absolut selbständiger und doch zu dem Ganzen einer Welt miteinander verbundener Wesen. Undenkbar und widerspruchsvoll der Gedanke einer übergreifenden Wechselwirkung solcher Wesen. Es war eine dem Begriffe des Wirkens, welches immer nur als innere Zustandsänderung eines Wesens betrachtet werden kann, durchaus widersprechende Vorstellung, daß die Wirkung sich aus dem einen Wesen loslösen, einen Moment für sich sein, die Richtung auf ein anderes Wesen finden und sich dort als Veränderung dieses zweiten Wesens etabliren könne. Es zeigte sich, daß die ganze Kette dieser Vorstellungen nur bildlich zu nehmen sei und dem wahren Hergange des Wechselwirkens nicht entsprechen könne. Erklärlich wurde dieser Hergang erst dadurch, daß man die Annahme der *absoluten* Selbständigkeit der Einzelwesen fallen ließ und diese als Modi einer einzigen Substanz betrachtete. Es ergab sich weiter, daß die Realität dieser Einzelwesen lediglich in ihrem Fürsichsein bestehen könne, das heißt in der Art, wie jenes eine absolute Wesen in ihnen für sich ist. Nur auf diese Weise ließ sich die im Bewußtsein unmittelbar als wirklich erlebte *relative* Selbstständigkeit der Einzelwesen mit der Thatsache der Wechselwirkung in Einklang bringen. *Nur innerhalb ein und desselben einheitlichen substantiellen Wesens ist ein Causalzusammenhang des Geschehens und Wirkens denkbar*, und die Möglichkeit einer Wechselwirkung *verschiedener* Wesen ist nur begreiflich, wenn die Scheidung der Wesen sich *blos auf das Bewußtsein ihres besonderen Fürsichseins*, nicht aber bis auf den *substantiellen Grund ihrer Existenz* erstreckt. Jede Erregung a' des einen dieser relativ selbständigen Wesen a kann dann zugleich als Bewegung des *ganzen* allen Wesen gemeinsamen substantiellen einheitlichen Urgrundes aller aufgefaßt werden, die in allen Formen des gesonderten Fürsichseins dieses einen Absoluten b. c. d . . . ., je nach der Art und Intensität der Verwandtschaft oder des Zusammenhanges dieser mit a, eine der Erregung des a' correspondirende

Zustandsänderung b', c', d' . . . jener übrigen Wesen zur Folge haben würde. Jeder Erregungszustand a' klingt dann in allen Fürsichseins-Momenten des einen absoluten Wesens wieder und wird in allen, in denen er die Bewußtseins-Schwelle überschreitet, als correspondirende Wirkung des Vorgangs a' empfunden, ohne den allen Wesen gemeinsamen substantiellen Boden des einen Absoluten zu verlassen, ohne vom einen Wesen auf das andere überspringend zwischen dieselben zu treten. Er bleibt, während er in anderen Wesen wirkt, was er ist, intensiver Erregungszustand zunächst des Wesens a und als solcher zugleich Erregungszustand des absoluten Weltgrundes, der sich in allen anderen Arten des Fürsichseins dieses Einen auf besondere Weise als Wirkung manifestirt.

Die einzelnen Wesen können daher, wenn sie auf einander wirken sollen, auch nicht als unausgedehnte Wesen in einem realen Raume vertheilt, sondern sie können nur als Wesensmomente eines einzigen unausgedehnten Wesens gedacht werden, welches der substantielle Grund alles Wirklichen ist und daher dem Raume als solchem keinen Ort und keine Möglichkeit der Existenz mehr übrig läßt. Da dieses eine absolute Wesen alles Wirkliche in sich schließt und selbst unausgedehnt ist, da alle denkbaren Arten des Geschehens in der Welt nur als intensive Erregungen jenes Einen, da alle endlichen Wesen nur als Fürsichseinsmomente desselben gedacht werden können, so können auch keine Beziehungen, Verhältnisse und Kraftwirkungen irgend welcher Art, insbesondere auch keine Raumbeziehungen zwischen den endlichen selbst unausgedehnten Wesen irgendwie in wirklicher Realität suspendirt und vorhanden gedacht werden.

Beide Alternativen, zu denen die Annahme der Realität des Raumes führt, die dynamistische und die atomistische Weltansicht, scheitern daher an ihren eigenen inneren Widersprüchen, in welche sie sich eben durch jene Annahme verwickeln.

Aber nicht nur, daß die gegebenen Thatsachen der Wahrnehmung und deren unabweisbare Voraussetzungen und Consequenzen für die Annahme der Realität des Raumes keinen Spielraum lassen; diese Annahme ist über sich selbst im Unklaren. Es ist ganz unklar, was die behauptete Realität des Raumes denn eigentlich bedeute, was damit gesagt sein solle, daß der Raum an sich wirklich sei?

Worin soll die behauptete Realität des Raumes bestehen? Soll der Raum ein Ding, soll er eine Eigenschaft der Dinge sein? Daß beides undenkbar ist, ergiebt sich aus dem, was ich soeben über die Unhaltbarkeit der dynamistischen Weltansicht entwickelt habe. Wirklich ist nur was wirkt, das heißt, was irgendwie für sich ist und in der specifischen Art seines Fürsichseins Grund, Richtung und Ziel seines Wirkens in sich trägt. Alles dieses paßt nicht auf den Raum, der eben als völlig unbewegte, ruhende, in allen Theilen und Richtungen gleichartig constituirte unendliche Größe vorgestellt wird, innerhalb deren kein Punkt sich seinem specifischen Inhalte und Werthe nach von allen anderen unterscheidet, innerhalb deren kein Punkt irgend welchen specifischen Charakter und Inhalt an sich trägt. Weder der Raum im Ganzen noch irgend einer seiner Punkte kann daher für sich sein und wirken. Es fehlt ihm an allen Merkmalen der Dingheit und Wirklichkeit.

Wäre er aber trotzdem auf irgend welche unbegreifliche Art wirklich, so stünde er in seiner starren unbewegten und unbeweglichen Realität außerhalb aller Wechselbeziehung mit den angeblich in ihm befaßten realen Wesen, da er weder selbst auf diese wirken, noch irgend welche Einwirkungen von ihnen erleiden könnte. Er stünde dann also in seiner räthselhaften und unbegreiflichen Realität außerhalb der Weltwirklichkeit der realen Wesen, er stünde der übrigen Welt als eine selbständige Realität eigener Art beziehungs- und zusammenhangslos gegenüber, oder richtiger: er stünde ihr gar nicht gegenüber, weil er eben wegen dieser Beziehungslosigkeit gar nichts mit der übrigen Welt zu schaffen hätte, weil Welt und Raum dann für einander überhaupt nicht da wären.

Auch als Eigenschaft der realen Wesen kann der Raum nicht gedacht werden, da wir soeben gesehen haben, daß es nur unausgedehnte Wesen geben könne. Als Eigenschaften der Wesen können wir nur die constanten Arten und Formen ihres Wirkens und Leidens betrachten oder die charakteristischen Eigenthümlichkeiten, wie sie sich unter wechselnden Umständen benehmen. Alles Fürsichsein, alles Wirken und Leiden der Wesen, alle ihre Reactionsweisen, in denen sich die specifische Art ihrer Natur offenbart, sind aber, wie wir wiederholt hervorgehoben haben, immer nur als intensive Erregungen zu betrachten, nicht als extensive Größen. Es ist ganz undenkbar, den Raum als ausgedehnte Eigenschaft unausgedehnter Wesen zu betrachten.

Ebensowenig kann der Raum als eine Form, als ein Verhältniß oder als eine Ordnung der Dinge gedacht werden. Er erscheint uns als die Möglichkeit des Nebeneinanderseins einer Vielheit, und deßhalb seiner Natur nach fähig, unendlich viele verschiedene Formen in sich zu verzeichnen, unzählige Verhältnisse in sich bestehen, die mannigfachsten denkbaren Ordnungen in sich darstellen zu lassen. Die Gründe der Form-, Verhältniß- und Ordnungsbestimmung liegen aber nicht im Raume selbst, sondern in den specifischen Charakteren der Dinge, welche in ihm vorgestellt werden. Die Dinge, das heißt die wirksamen Elemente selbst, deren apriorische Naturanlage, und in letzter Instanz der allen gemeinsame eine substantielle Grund ihres Daseins, bestimmen allein Form und Ordnung ihrer gegenseitigen Verhältnisse. Es ist keine ausgedehnte an sich form- und inhaltlose Realität zwischen ihnen denkbar, welche wie eine ihnen übergeordnete Macht ihr gegenseitiges Verhalten und ihre gegenseitige Ordnung vorschreiben, oder an sich selbst eine Ordnung zwischen ihnen bilden könnte. Alle diese Versuche, den Raum als außer und zwischen den realen Wesen in irgend welcher Art für sich wirklich zu denken, sind sich daher nicht einmal über den Sinn dessen klar, was sie behaupten und erweisen möchten.

Auch die Annahme der Realität der Zeit als solcher, das heißt der leeren Zeit, widerstreitet den Ansichten über Inhalt, Einheit und Zweckbestimmtheit des Weltprocesses, welche wir gewöhnlich arglos damit verknüpft finden. Man vergegenwärtige sich nur, was diese Behauptung eigentlich besagen will! Die als real gedachte leere Zeit soll als solche alles Geschehene in sich schließen, sie soll den einzigen Strom alles Geschehens bilden, alles Geschehen soll ihr als einer vorweltlichen Macht unterworfen sein, einer Macht, die an sich gänzlich inhaltleer, ohne Ziel und Zweck, ohne Grund und Princip des Wirkens gedacht wird. Behauptet man im Ernst, daß die Leerheit dieses leeren Zeitverlaufs wirklich Basis und Rahmen alles Geschehens bilde, so heißt das nicht mehr und nicht weniger, als den Weltzweck verneinen und allem Geschehen ein vorweltliches abstraktes und inhaltleeres blindes Fatum überordnen.

Auch hier ist es nöthig, sich vor Allem den Sinn jener Behauptung klar zu machen.

Was denkt man sich unter dem leeren Zeitverlauf? Als was denkt man sich die reale Zeit? Welche Art von Existenz und Wirklichkeit soll in ihr realisirt sein? Was ist die Zeit, was bleibt für sie übrig, wenn man von allem concreten Geschehen, wenn man von allem abstrahirt, was zeitlich verläuft? Sie kann kein Ding für sich sein, denn sie ist eben nicht für sich, weil sie ohne allen Inhalt ist. Sie kann aus demselben Grunde kein realer Proceß sein, denn alles Werden, Geschehen und sich Verändern ist werden, geschehen und sich verändern von irgend Etwas. Sie ist auch keine Form, kein Verhältniß, keine Ordnung des Geschehens, denn sie wird ähnlich wie der Raum als das an sich formlose Princip gedacht, welches das Bestehen aller Formen, Verhältnisse und Ordnungen des Geschehens erst möglich machen soll. Sie könnte deßhalb nur als ein allgemeiner Hintergrund gedacht werden, an dem alles Geschehen verlaufen müßte, als ein selbst beweglicher Schauplatz, auf dem alles Geschehen verlaufen müßte. Auch dieser Gedanke zerfließt jedoch bei näherer Betrachtung in sich selbst. Als Schauplatz oder Boden, auf dem alle einzelnen Processe des Geschehens verlaufen, können wir uns weiter nichts denken als eben die Realitäten der Einzelwesen selbst, deren Zustandsänderungen jene Processe sind und allein sein können, denn alles Werden und Geschehen ist, wie wir gesehen haben, unter den Allgemeinbegriff einer Zustandsänderung lebendiger Wesen zu rubriciren. Der gemeinsame Boden alles Geschehens ist aber die Realität des einen Unendlichen, welches wir als Grund der Wirklichkeit aller Einzelwesen und alles Geschehens in ihnen betrachten müssen.

Außerdem giebt es Nichts und kann es Nichts geben. Es giebt kein Geschehen zwischen den lebendigen Wesen und außer ihnen, sondern nur in ihnen. Alles Geschehen ist Wirken und Leben in den lebendigen Wesen.

Denken wir uns, wie ich der weiteren Darstellung vorgreifend zur vorläufigen Orientirung bemerke, das Leben des einen absoluten Wesens, welches der substantielle Grund alles Wirklichen ist, in allen seinen Phasen durch einen einheitlichen Zweck bestimmt, so können wir die Tendenz zur Realisirung des Weltzwecks als den gemeinsamen Hauptstrom alles Geschehens betrachten, dessen Bewegungsrhythmus sich in allen Momenten nach seinem eigenen Inhalt und Ziele gliedert, das alles Geschehen in sich befaßt, und in der That eine reale verständliche Basis und einen alles umfassenden Rahmen aller Processe des Werdens und der Veränderung zu bilden geeignet erscheint. Doch dieser Gedanke wird sich erst am Schlusse unserer Untersuchungen als deren Endergebniß mit voller Evidenz darstellen. Vorläufig ist nur soviel klar, daß der Proceß der Weltbewegung nicht durch die Annahme der Realität einer leeren Zeit, sondern daß derselbe immer nur durch seinen eigenen Inhalt und seine eigenen Ziele erklärt und verständlich gemacht werden könne, und daß die leere Zeit dabei stets als ein leeres Superfluum erscheinen muß.

Abstrahiren wir aber auch von diesen Bedenken und nehmen wir einmal versuchsweise das Undenkbare trotzdem als gegeben an. Nehmen wir an, es sei eine reale leere Zeit auf unbegreifliche Weise vorhanden, in der nach der gewöhnlichen Vorstellungsweise alle Ereignisse verliefen, oder welche als ein constanter gleichmäßiger Strom alle Ereignisse mit sich führte, so würden wir wieder den Sinn unserer eigenen Behauptung nicht verstehen. Wir würden dann nicht nur den Inhalt dessen, was wir mit dieser Annahme eigentlich im Sinne haben, sondern auch das Verhältniß dieses als wirklich angenommenen leeren Zeitablaufs zu den wirklichen concreten Processen des Geschehens ganz unangebbar finden. Nach welchem Rhythmus sollte diese leere Zeit verlaufen, da sie doch kein Princip der Gliederung und Theilung, der Scheidung ihrer einzelnen Momente in sich trägt? In Wahrheit sind es doch nur die beobachteten Regelmäßigkeiten im Verlauf gewisser realer Processe des Geschehens, z. B. die Regelmäßigkeiten im Umlauf der Weltkörper, welche alle Maßstäbe der Zeiteintheilung an die Hand geben, und ohne den gleichförmigen Rhythmus in der Wiederkehr dieser Bewegungen gäbe es weder eine Zeiteintheilung, noch eine Regelmäßigkeit des Zeitablaufs, denn Regeln kann es nur für das wirkliche inhaltvolle Geschehen, nicht aber für das leere Geschehen geben. Geben wir aber trotzdem selbst einmal zu, es sei auf unbegreifliche Art eine Regelmäßigkeit des leeren Zeitablaufs und ein constantes bleibendes Maß der Zeit vorhanden, so würden wir doch wieder ganz unbegreiflich finden, wie dieser leere regelmäßige Zeitablauf auf die Processe des wirklichen Geschehens irgend welchen Einfluß ausüben, wie er die Ereignisse mit sich führen, wie er nach der gemeinen Vorstellungsweise den Hauptstrom alles Geschehens bilden könne?

Wirken kann nur das Wirkungsfähige auf einander. Wirkungsfähig ist nur das Lebendige, wirkungsfähig sind nur die realen Wesen, deren Naturen durch specifische concrete Lebensinteressen bestimmt sind, welche die einzigen denkbaren Antriebe des Wirkens in ihnen bilden; wirkungsfähig wäre nicht das leere Geschehen des leeren Zeitablaufs, selbst wenn es an sich denkbar oder vorhanden wäre. Denken wir uns, daß alle Bedingungen des Eintritts eines Ereignisses durch das Zusammentreffen seiner Ursachen in der Wirklichkeit erfüllt seien, so tritt das Ereigniß ein, ohne daß der als parallel nebenherlaufend gedachte leere Zeitablauf noch irgend etwas hinzuzufügen nöthig hätte, oder hinzuthun könnte. Sind jene Bedingungen nicht erfüllt, so tritt das Ereigniß nicht ein, mag daneben noch eine leere Zeit verlaufen oder nicht. Der Zeitablauf könnte den Eintritt des erwarteten Ereignisses nur dann mitbedingen, wenn er selbst eine der wirksamen realen Ursachen dessen Eintritts wäre, wenn er also irgendwie auf die Dinge und deren Processe einzuwirken vermöchte, was er nicht kann, weil er eben leerer Zeitablauf sein soll.

Fassen wir alle diese Erwägungen zusammen, so schwindet die Zuversicht und Selbstverständlichkeit, mit der wir im gewöhnlichen Leben Raum und Zeit unbedenklich als selbständige Realitäten zu behandeln gewohnt sind, sie schwindet wenigstens insoweit, als es sich darum handelt, die letzten Principien des Wirkens und das wahre Wesen der Dinge zu erkennen. Es wird uns offenbar, daß Raum und Zeit jedenfalls nicht in der Weise außerhalb und zwischen den Dingen und Ereignissen für sich wirklich sein können, wie solches der Augenschein des täglichen Lebens zu lehren scheint. Es wurde offenbar, daß diese gewöhnliche Auffassung des Raumes und der Zeit nicht nur voll innerer Widersprüche und an sich unhaltbar, sondern daß sie auch — wie sich das vollständig erst im letzten Abschnitte zeigen wird — unvereinbar mit denjenigen idealen Anforderungen ist, welche wir vermöge der Naturanlage unserer Vernunft und unseres Gewissens an den Thatbestand des Wirklichen zu stellen genöthigt werden. Die Frage nach der Realität oder Idealität, nach Wesen und Bedeutung des Raumes und der Zeit erlangt deshalb durch die angeregten Bedenken eine eminente wissenschaftliche und practische Bedeutung, denn einerseits können wir jene idealen Anforderungen nicht fallen lassen, andererseits beherrschen Raum und Zeit unseren ganzen Vorstellungskreis in plastischer Anschaulichkeit, sie bilden den festen Rahmen, in dem wir alle unsere Vorstellungen verzeichnen, wir können sie nicht wegdisputiren, sondern müssen der Thatsächlichkeit ihrer Geltung gebührende Rechnung tragen. Ohne die Anschauung des Raumes wären wir außer Stande, die Mannigfaltigkeit verschiedener Dinge überhaupt vorzustellen, die Dinge unter einander in ein ihren gegenseitigen Beziehungen und Wirkungen entsprechendes Verhältniß zu bringen. Ohne die Anschauung der Zeit würde es uns nicht gelingen, die Processe des Werdens und der Veränderung an sich und in ihrem inneren Zusammenhange vorzustellen, das heißt die Momente der Gegenwart mit ihren Entstehungsgründen und Folgen in einen einzigen Wirklichkeitsbegriff des Geschehens zusammenzufassen. Könnten wir dies alles nicht, könnten wir nicht getrennte Dinge vorstellen, mit einander vergleichen und in Beziehung setzen, könnten wir nicht das Gegenwärtige mit dem früher Erlebten und dem in der Zukunft Erwarteten in der anschaulichen Vorstellung des Werdens zusammenfassen, so würden unserer intellectuellen Geistesbildung die Grundlagen und Mittel fehlen, deren sie bedarf, um den Anforderungen unserer sittlichen Lebensbestimmung genügen zu können. Raum und Zeit sind daher ganz unentbehrliche Momente für die sach- und zweckentsprechende Entfaltung unserer Geistesthätigkeit, für die Gestaltung unserer Vorstellungswelt und die Erfüllung unserer Lebensbestimmung.

Und doch sollen Raum und Zeit nicht das sein und bedeuten, was sie uns nach dem überredenden Augenscheine des Lebens zu sein und zu bedeuten scheinen! Je mehr wir uns von ihrer Unentbehrlichkeit überzeugen, um so dringender wird die Frage: was sind und bedeuten denn nun eigentlich Raum und Zeit?

Zweites Kapitel.

Die Lehre Kants von der Idealität des Raumes und der Zeit.

In der ganzen vorkantischen Philosophie suchen wir vergebens nach einer befriedigenden Antwort auf diese für die Gestaltung unserer ganzen Weltansicht entscheidende und grundlegende Frage. Erst durch die Reformbewegung des Kantschen Denkens wurde dieselbe richtig formulirt uud ihre Lösung vorbereitet. Erst diese Reformbewegung führte auf den rechten Standpunkt, der uns den Weg zur Lösung jener wichtigen Frage aufschloß und das Gebiet erleuchtete, durch welches dieser Weg allein führen kann. Es ist der Grundgedanke des Kriticismus, der uns diesen Weg finden ließ, der Grundgedanke, daß die ganze phänomenale Wirklichkeit der uns umgebenden Außenwelt nur durch eigene Thätigkeit des erkennenden Geistes in uns aufgebaut werden könne.

Durch diesen Grundgedanken .war ein neues einheitliches und schöpferisches Princip für das gesammte philosophische Denken gewonnen. Er führte zu der Einsicht, daß es, um das wahre Wesen der der Wahrnehmung und Beobachtung zugänglichen phänomenalen Weltwirklichkeit recht zu erkennen, vor Allem darauf ankomme, die bei deren Entstehung in uns mitwirkenden Factoren des subjectiven Geisteslebens sich klar und deutlich zum Bewußtsein zu bringen und deren Inhalt und Wesen richtig und sachgemäß zu würdigen. Auch die Einwirkungen, welche dem erkennenden Subjecte von Außen zugeführt werden, müssen und können ja nur in den durch die Naturanlage jenes gegebenen Formen der Auffassung und Zusammenfassung verarbeitet werden, und können nur in diesen Formen bei Gestaltung unserer Weltansicht zur Geltung kommen. Wie in letzter Instanz immer nur durch ein subjectives Gefühl unmittelbarer Evidenz darüber entschieden werden kann, ob etwas für wahr oder unwahr zu halten sei, denn eine Vergleichung des Wahrgenommenen oder des daraus Gefolgerten mit dem der Wahrnehmung entsprechenden Objecte der Außenwelt ist ja unmöglich, so kann auch die Ueberzeugung von der Nothwendigkeit und Allgemeinheit jener Formen der Auffassung und Zusammenfassung, durch welche der Bau des Mikrokosmus in uns in allen seinen Theilen bestimmt und geordnet ist, gleichfalls nur auf einer gegebenen aprioristischen Geistesanlage in uns beruhen, und nicht blos durch Erfahrung und Beobachtung erlangt sein. So verhält sich's, wie wir im vorigen Abschnitte gesehen haben, mit den Kategorieen des Denkens und allen ursprünglichen Inhalten unseres Empfindens, Fühlens und Wollens. So verhält sichs auch insbesondere mit den „Formen unserer sinnlichen Anschauung", mit den Anschauungen des Raumes und der Zeit.

Es wurde durch jenes Princip offenbar, daß die Thätigkeit des Wahrnehmens selbst nur in inneren Erregungen des erkennenden Subjectes bestehen könne, daß mithin nur innere Erregungen des Subjectes die Bausteine bilden können, aus denen die Anschauungen des Raumes und der Zeit sich in uns aufbauen. Mögen daher Raum und Zeit als Realitäten an sich außer und zwischen den erkennenden Wesen für sich noch einmal wirklich sein oder nicht; soviel ist gewiß, daß wir das Vorhandensein derartiger Realitäten nicht durch directe Wahrnehmung erfassen könnten. Raum und Zeit könnten, selbst wenn sie für sich wirklich wären, nicht in ihrem realen Ansichsein in den erkennenden Geist übergehen, dieser könnte vielmehr immer nur indirect durch irgend welche Eindrücke, welche er von ihnen erlitte und welche selbst nur in unräumlichen Erregungen der Seele bestehen könnten, dieser zum Bewußtsein und zur Wahrnehmung kommen. Die Vorstellungen aber, welche der Geist sich von jenen Realitäten bilden könnte, das heißt die Anschauungen des Raumes und der Zeit, würden, wie die Erregungen, welche sie veranlassen, im Geiste selbst unräumlich sein.

Durch diese Erwägungen wurde für die Idealität des Raumes und der Zeit ein fester Boden im Gebiete des Thatsächlichen gewonnen, die Frage nach Wesen und Bedeutung des Raumes und der Zeit wurde dadurch in ein ganz neues Stadium gerückt. Jetzt erst war der rechte Standpunkt für ihre Beurtheilung und Beantwortung gekommen.

Dies ist der Grundgedanke der Lehre Kants von der Idealität des Raumes und der Zeit: Der Raum, der uns in plastischer Anschaulichkeit zu umgeben scheint, die Zeit, in der unser Leben zu verlaufen scheint, sind nicht Realitäten an sich und außerhalb des erkennenden Geistes, sondern Formen unserer subjectiven sinnlichen Anschauung, welche a priori im Gemüthe angetroffen werden. (Transscend. Aesthetik § 1): „Auf welche Art und durch welche Mittel sich auch immer eine Erkenntniß auf Gegenstände beziehen mag, so ist doch diejenige, wodurch sie sich auf dieselbe unmittelbar bezieht und worauf alles Denken als Mittel abzweckt, die Anschauung. Diese aber findet nur statt, so fern uns der Gegenstand gegeben wird; dieses aber ist wiederum, uns Menschen wenigstens, nur dadurch möglich, daß er das Gemüth auf gewisse Weise afficire. Die Fähigkeit (Receptivität), Vorstellungen durch die Art, wie sie von Gegenständen afficirt werden, zu bekommen, heißt Sinnlichkeit."

Sinnlichkeit und Verstand sind nach Kant's Ansicht die einzigen Quellen der Erkenntniß. „Vermittelst der Sinnlichkeit werden uns Gegenstände gegeben, und sie allein liefert uns Anschauungen; durch den Verstand aber werden sie gedacht, und von ihm entspringen Begriffe. Alles Denken aber muß sich, es sei geradezu (directe) oder im Umschweif (indirecte) vermittelst gewisser Merkmale zuletzt auf Anschauungen, mithin, bei uns, auf Sinnlichkeit beziehen, weil uns auf andere Weise kein Gegenstand gegeben werden kann."

Den Gegenstand empirischer Anschauung nennt Kant „Erscheinung" und unterscheidet in ihr die Materie von der Form. Die Materie der Erscheinung, der eigentliche Inhalt der sinnlichen Empfindung, soll a posteriori gegeben sein, die Formen derselben aber „zu ihnen insgesammt im Gemüthe a priori bereit liegen, und daher abgesehen von aller Empfindung betrachtet werden" können.

Diese von ihren Inhalten abgelösten reinen Formen der sinnlichen Anschauung sind nun nach Kant's Lehre der Raum und die Zeit. Den Raum bezeichnet Kant als die Form des „äußeren Sinnes", die Zeit als die Form des „inneren Sinnes." Durch den äußeren Sinn stellen wir uns Gegenstände als außer uns vorhanden vor, durch den inneren Sinn erfassen wir die Zustände des eigenen Ich. Danach ist die Zeit „die formale Bedingung aller Erscheinungen überhaupt", „weil alle Vorstellungen, sie mögen nun äußere Dinge zum Gegenstande haben oder nicht, doch an sich selbst, als Bestimmungen des Gemüthes, zum inneren Zustande gehören, dieser innere Zustand aber stets unter der formalen Bedingung der Zeit angeschaut wird." Der Raum aber „als die reine Form aller äußeren Anschauung ist als Bedingung a priori blos auf äußere Erscheinungen eingeschränkt."

Beide Formen, Raum und Zeit, sind Anschauungen und nicht Allgemeinbegriffe. Das heißt: Die einzelnen Raumtheile und Zeittheile sind nicht blos einander coordinirte Beispiele eines ihnen übergeordneten Allgemeinbegriffs, die wie die Arten einer Gattung blos das gemeinsam hätten, daß sie alle den Character der Räumlichkeit oder Zeitlichkeit an sich trügen, sondern alle Raumtheile und alle Zeittheile stehen zugleich ohne Ausnahme in festen unabänderlichen gegenseitigen Beziehungen zu einander, sie sind alle Theile eines Ganzen, und schließen sich zu einem Bilde, zu einer Totalanschauung zusammen. Während die Arten eines Allgemeinbegriffs blos durch die Gemeinsamkeit gewisser Eigenschaften, in denen sie übereinstimmen, begriffsmäßig mit einander verbunden sind, können wir die concreten Raumgestalten und Zeitperioden nicht anders als Raumtheile und Zeitabschnitte denken, welche sich mit allen übrigen Raumtheilen und Zeitabschnitten zu dem Bilde des einen Raums und der einen Zeit ergänzen. Es ist daher nur ein Raum und nur eine Zeit denkbar. Beide sind, dies ist ein wesentlicher Zug der Kant'schen Ansicht, in dieser fertigen Gestalt, als Totalanschauungen dem Geiste angeboren. Der Raum erscheint vermöge der Zusammengehörigkeit aller seiner Theile als „eine unendliche gegebene Größe." Die Zeit stellen wir uns unter dem Bilde „einer in's Unendliche fortgehenden Linie" vor, „in welcher das Mannigfaltige eine Reihe ausmacht, die nur von einer Dimension ist."

Da alle Erkenntniß sich auf sinnliche Anschauungen beziehen muß, und Raum und Zeit die einzigen reinen Formen der Sinnlichkeit sind, so können wir sowohl die äußeren Gegenstände wie die inneren Vorgänge in uns nicht anders als in ihnen auffassen. Es folgt hieraus, daß Raum und Zeit nicht als zufällige und empirische, sondern als nothwendige Vorstellungen erscheinen. Diese Nothwendigkeit und Apriorität der Raum- und Zeitanschauung ist dann der Grund der Apodicticität einer ganzen Reihe anderer synthetischer Erkenntnisse, welche nach Kant's Ansicht aus ihnen herfließen sollen. So soll die Raumanschauung der Grund der Apodicticität der geometrischen Gesetze, die Zeitanschauung der Grund der Apodicticität der Principien der allgemeinen Bewegungslehre sein. Die außer Frage stehende Gewißheit dieser Sätze ist nicht aus der Erfahrung zu begründen, läßt sich auch nicht durch Zurückführung auf andere einfachere Sätze beweisen, sondern beruht auf unmittelbarer Anschauung und gilt Kant umgekehrt als Beweisgrund für die Apriorität der Raum- und Zeitanschauung. Denn, so argumentirt er, wären Raum und Zeit selbst objectiv und Bedingungen der Möglichkeit der Dinge, so könnten sie in ihrem rein thatsächlichen Vorhandensein nur empirisch wahrgenommen werden. Die Raum- und Zeitanschauung wären dann nur empirische Nachbilder des wirklichen

Raumes und der wirklichen Zeit. Die aus jenen Anschauungen erschlossenen Sätze wären dann nur Erfahrungssätze und könnten eben deshalb „niemals die Nothwendigkeit und absolute Allgemeinheit enthalten, dergleichen doch das Characteristische aller Sätze der Geometrie ist.“

Dieses großartige Unternehmen Kants, die Entstehung der Raum- und Zeitanschauung aus rein subjectiven Gründen zu erklären, eröffnete die Aussicht, mit einem Schlage alle die Widersprüche, Unklarheiten und bedenklichen Consequenzen zu beseitigen, welche die Annahme der Realität des Raumes und der Zeit in sich schließt.

Darin liegt das Bedeutsame dieser neuen Auffassung, daß sie die Möglichkeit darbot, die Bedeutung und Unentbehrlichkeit des Raumes und der Zeit für die Gestaltung unseres Lebens und unserer Weltansicht in vollem Maße aufrecht zu erhalten, und doch zugleich die Realität beider, wenigstens in der Form, wie sie uns erscheinen, zu verneinen, denn die Annahme der Realität des Raumes und der Zeit in dieser phänomenalen Form war ja, wie wir gesehen haben, und später noch deutlicher einsehen werden, der alleinige Quell aller jener Unklarheiten und Widersprüche.

Der subjective Ursprung der Raum- und Zeitanschauung läßt freilich die Frage noch unentschieden, ob außer unseren Anschauungen des Raumes und der Zeit noch ein wirklicher Raum und eine wirkliche Zeit existiren? Vorausgesetzt: Letzteres sei der Fall, so könnten die zusammenstimmenden Anschauungen des wirklichen Raumes und der wirklichen Zeit in den unzähligen Individuen nicht selbst der Raum und die Zeit, sondern nur Bilder derselben sein, deren Vorhandensein entweder aus rein subjectiven Gründen oder aus Einwirkungen des einen Raumes und der einen Zeit auf die Subjecte erklärt werden könnte. Wenn daher auch, wie es allerdings zweifellos der Fall ist, die Anschauungen des Raumes und der Zeit in uns geistigen Ursprungs sind, so bleibt darum doch die Frage immer noch offen, ob jenen Anschauungen des Raumes und der Zeit in uns noch ein realer Raum oder eine reale Zeit außer uns entspreche, welche in jenen Anschauungen abbildliche Ausdrücke gefunden hätten?

Kant hat diese Frage auf das Bestimmteste verneint. Er betrachtet Raum und Zeit lediglich als subjective Weisen der Auffassung und Zusammenfassung des Mannigfaltigen in der Erscheinung, die, in der Naturanlage des Menschen begründet, in allen auf gleiche Weise vorhanden und wirksam sind. „Weil wir die besonderen Bedingungen der Sinnlichkeit nicht zu Bedingungen der Möglichkeit der Sachen, sondern uur ihrer Erscheinungen machen können, so können wir wohl sageu, daß der Raum alle Dinge befasse, die uns äußerlich erscheinen mögen, aber nicht die Dinge an sich selbst, sie mögen nun angeschaut werden oder nicht.“ Er behauptet die Realität des Raumes nur in Ansehung der Erscheinungen, aber „die Idealität des Raumes in Ansehung der Dinge, wenn sie durch die Vernunft an sich selbst erwogen werden.“ Ingleichen behauptet er die Idealität der Zeit, „nach welcher sie, wenn man von den subjectiven Bedingungen der sinnlichen Anschauung abstrahirt, gar nichts ist und den Gegenständen an sich selbst weder subsistirend noch inhärireud beigezählt werden kann.“

Der tiefere Grund dieser Annahme ist zweifelsohne darin zu suchen, daß Kant, wie bereits erwähnt, überhaupt zwischen der Welt der Erscheinung und der Welt der „Dinge an sich“ jene strenge Scheidelinie zog, vermöge deren nur die Erstere der Wahrnehmung zugänglich, die letztere aber gänzlich unerkennbar sein sollte. Da auch die reinen Formen der sinnlichen Anschauung, ähnlich wie die Kategorieen, nur zur Erscheinung gehören sollten, so konnte ihnen, wie diesen, nur eine phänomenale Bedeutung beigemessen werden. Den Anschanungen des Raumes und der Zeit wurde daher jedes Analogon in der Welt der Dinge an sich abgesprochen. Sie sollten nicht nur nicht in den Formen, in welchen sie uns erscheinen, nicht als Raum und Zeit, außer uns wirklich sein, sondern es sollte ihnen überhaupt gar nichts in der Welt der Dinge entsprechen; sie sollten nur allein reine Formen der sinnlichen Anschauung sein und außerdem Nichts.

Diese Auffassung ist, wie gesagt, keine nothwendige Consequenz jener für die ganze Lehre grundlegenden Annahme der subjectiven Entstehungsart der Raum- und Zeitanschauung in uns, aber sie war von tiefgreifender Bedeutung für die weitere Gestaltung der Weltansicht Kants. Die Kluft zwischen „Erscheinung“ und „Ding an sich“ wurde dadurch noch erweitert und verschärft. Wenn der räumlichen Anschauung in der Welt der „Dinge an sich“ gar nichts entsprechen soll, so fällt damit jede Möglichkeit weg, sich noch irgend etwas Bestimmtes unter dieser Welt der Dinge an sich vorzustellen. Es bleibt dann unangebbar, weshalb die Einwirkungen, welche wir doch von den Dingen an sich erleiden sollen, bald von dieser, bald von jener Richtung her? warum sie überhaupt bald so, bald anders? warum bald stärker, bald schwächer? auf das erkennende Subject einwirken, was doch thatsächlich, und zwar in der buntesten und mannigfachsten Art fortwährend geschieht. Es bliebe unangebbar, und das ist hier die Hauptsache, weshalb die unabsehbare Fülle der Erscheinungen stets und überall in allen Einzelheiten an ganz bestimmte Orte vertheilt und geordnet erscheint? Da ferner auch „der Begriff der Veränderung und Bewegung nur durch und in der Zeitvorstellung möglich ist," so gehört auch dieser fundamentale Begriff der Veränderung in Kant's Auffassung nur dem Gebiete der Erscheinung an, während die „Dinge an sich" nur als beharrliche und unveränderliche Substanzen gedacht werden können. Da nun alle inneren Erlebnisse, alle Empfindungen, Vorstellungen, Gefühle und Strebungen, in denen das erkennende Subject sich unmittelbar seiner selbst bewußt wird, bekanntlich Zustandsänderungen des letzteren sind, so konnten sie nach Kant's Auffassung nur als Erscheinungen gelten. Da diese nun eines Trägers bedurften, und dieser Träger, wenn er nicht selbst wieder der Erscheinungswelt angehören sollte, als selbst unveränderlich gedacht werden mußte, so wurde Kant zu der weiteren Annahme gedrängt, daß auch hier hinter dem lichten Gebiete der unmittelbaren lebendigen Lebenserfahrungen ein unerkennbarer beharrlicher substantieller Kern verborgen sein müsse, welchen er als das eigentliche wahre Wesen, als das „Ding an sich" im Ich betrachtete.

Kant verneinte daher die Möglichkeit einer „intellectuellen Anschauung", und fand das charakteristische Moment des Selbstbewußtseins nur darin, daß alle jene inneren Erlebnisse stets durch „die einfache Vorstellung des Ich" begleitet würden. Die Vorstellung des Ich kann jedoch nicht das Wesen des Selbstbewußtseins ausmachen, denn gerade diejenigen Erlebnisse, welche uns am Meisten interessiren, in denen unser Selbst seinen lebendigsten Ausdruck findet, lassen uns meist gar keine Zeit und keine Aufmerksamkeit dazu übrig, neben ihrem eigenen Inhalt noch die theoretische Vorstellung des Ich zu denken und festzuhalten. Je mehr uns die

Erlebnisse interessiren, um so mehr geben wir uns ihnen ganz hin, und vergessen darüber oft unser eigenes Selbst. Hielten wir aber selbst bei allen Erlebnissen stets in hartnäckiger Consequenz die theoretische Vorstellung des Ich fest, so würde der wahre Inhalt jener Erlebnisse und das Wesen des Selbstbewußtseins, welches sich in ihnen offenbart, in jener nebenherlaufenden Vorstellung nicht den zutreffenden Ausdruck finden. Das besondere Interesse vielmehr, welches uns veranlaßt, alle eigenen Erlebnisse im Selbstbewußtsein als unsere zusammenzufassen und der Welt des übrigen Geschehens entgegenzusetzen, besteht allein darin, daß wir jene Erlebnisse als unsere fühlen, und der unsere Lebensinteressen fördernden oder hemmenden Kraft derselben in dem Wohl oder Wehe, welches sie uns erregen, unmittelbar inne werden. Dieses lebendige Selbstgefühl bewirkt allein, daß wir unsere eigenen Lebensschicksale der ganzen übrigen Welt des Seins und Geschehens entgegenstellen, dieses, nicht die simple Vorstellung des Ich, ist daher der Quell und das charakteristische Moment des Selbstbewußtseins. Im Selbstbewußtsein werden wir unmittelbar alles dessen inne, was wir sind, und in den lebendigen Formen, in denen es sich kundgiebt, nicht in einem unerkennbaren Kerne beharrlicher Substanz, offenbart sich uns das wahre Wesen unseres Ich. Kant übersah dieses, weil er alle unmittelbaren Erlebnisse nicht als das, was sie sind, als Selbstoffenbarung des Wirklichen, sondern als bloßen Schein eines im Ich verborgenen beharrlichen Ding an sich gelten lassen wollte. Wir treffen hier wieder auf jene verhängnißvolle Schranke in der Auffassung Kants, durch welche er im Grunde allem Erkennen den factischen Boden der unserer Wahrnehmung allein direkt zugänglichen inneren Selbsterfahrung entzogen und alles Erkennen auf die Aufgabe beschränkt hat, die innere Erscheinungswelt zu ordnen und übersichtlich zu gliedern. Es wird sich später zeigen, daß der consequente Ausbau der Kant'schen Grundgedanken jene Schranke selbst aufhebt, und wie erst durch deren Beseitigung der volle Segen der reformatorischen Geistesarbeit Kant's hervortritt.

Drittes Kapitel.

Die Antinomieen der reinen Vernunft.

Auch abgesehen von den am Schlusse des vorigen Kapitels erwähnten Vorurtheilen, glaubte Kant noch eine Bestätigung seiner

Ansicht in den **Antinomieen** finden zu müssen, in welche wir uns angeblich verwickeln, wenn wir unsere Vorstellungen von dem Ganzen der Welt und ihren letzten Bestandtheilen mit der Voraussetzung des wirklichen Raums und der wirklichen Zeit zu vereinigen suchen. Allein die durch diese Voraussetzungen entstehenden Bedenken sind nicht so schwerwiegend und unaufheblich als Kant annahm.

Kant findet zunächst eine Unmöglichkeit in der Vorstellung eines begrenzten realen Weltvolumens, das in der unendlichen Ausdehnung des leeren Raumes schwebend gedacht wird*). Es würde dann, meint er, nicht allein ein Verhältniß der Dinge **im** Raume, sondern auch der Dinge **zum** Raume angetroffen werden; da aber die Welt ein Ganzes sei, und außer ihr kein Gegenstand der Anschauung, womit dieselbe im Verhältniß stehe, so würde das Verhältniß der Welt zum leeren Raum ein Verhältniß der Welt zu **keinem** Gegenstande sein. Allein einerseits setzt Kant hier bereits voraus, was doch erst durch die Antinomie bewiesen werden soll, daß der Raum wirklich **nichts** sei. Wenn wir jedoch den Raum nach der gewöhnlichen Vorstellungsweise als real denken, so denken wir ihn eben nicht als ein **Nichts**, sondern als ein Etwas seiner eigenen räthselhaften Art, von dem erst erwiesen werden müßte, daß ihm die Fähigkeit mangele, die Grenze des Realen zu bilden. Es ist nicht nöthig, hier von dem Raume eine besonders einschränkende Wirkung zu verlangen, als wenn es selbstverständlich wäre, daß der Welt ein Bestreben innewohne, sich ohne solche Schranken ins Unendliche auszudehnen. Es wäre vielmehr, wenn wir diese Vorstellungsweise gelten lassen, viel natürlicher vorauszusetzen, daß der Grund der Beschränkung der Welt auf ein bestimmtes Volumen in ihr selbst liegen müsse. Andererseits würden wir, wenn wir uns auf den Standpunkt Kant's stellen und die Unräumlichkeit der Welt neben ihrer Endlichkeit behaupten, auf denselben Gedanken treffen, den Kant mit der Annahme ihrer Räumlichkeit unvereinbar findet. Auch dann würde die Gesammtheit des Seienden durch das Nichts begrenzt sein. In der That aber enthält dieser Gedanke gar nichts Widersprechendes oder Unmögliches. Bildete die Welt ein abgeschlossenes ausgedehntes Ganze und wäre überhaupt klar, was damit von den Dingen gesagt sein solle, daß

*) Lotze. Metaphysik Drei Bücher der Ontologie, Kosmologie und Psychologie. Leipzig 1879. S. 202 sqq.

sie im Raume seien, so würde kein Widerspruch in der Vorstellung liegen, daß sie nicht überall wären (S. 205 l. c.). Wäre die Welt ein abgeschlossenes unräumliches Ganze, stünden alle Dinge in ihr in abstufbaren intelligiblen Beziehungen, die sich in unserer Anschauung in räumliche verwandeln müßten, so würde das Erscheinungsbild dieser Welt abgeschlossen sein, wenn alle jene wirklich bestehenden Beziehungen ihrer Elemente ihren räumlichen Ausdruck in unserer Auffassung gefunden hätten. Ueber dieses begrenzte Weltbild hinaus aber würde sich ein unbegrenzter leerer Raum auszudehnen scheinen; denn alle nur denkbaren aber nicht verwirklichten Fortsetzungen und Steigerungen jener intelligiblen Verhältnisse würden ebenso wie diese selbst, aber als leere Möglichkeiten in unsere Anschauung treten. Auch in dieser Auffassung liegt nichts Widersprechendes. Die Begrenzung der realen Welt ist daher für beide Ansichten annehmbar, und die Wahl zwischen beiden darum unentschieden.

Auch die zweite Antinomie beweist nicht mehr gegen die Realität des Raums als die erste. Die Frage, ob die Dinge bis in's Unendliche theilbar, oder aus einfachen Elementen zusammengesetzt seien, wird hier nur unter der einen Voraussetzung behandelt, daß, wenn man die Realität des Raumes annehme, auch die Dinge selbst nothwendigerweise als ausgedehnt zu betrachten seien, daß mithin die dynamistische Weltansicht eine nothwendige Consequenz der Realität des Raumes sei. Die aufgestellten Bedenken richten sich daher nur gegen die dynamistische Weltansicht, und lassen die atomistische Vorstellung, daß das Reale selbst in Gestalt unausgedehnter Punkte in einem realen Raume vertheilt sei, ganz unberührt. Erst wenn man diese relativ richtigere Vorstellungsweise zu Grunde legt, treten die Bedenken hervor, welche die Annahme der Realität des Raumes unmöglich machen, und welche Kant nicht entgangen sein würden, wenn er sich hier die Hauptfrage klar gemacht hätte, was das Sein der Dinge im Raume bedeute; und was der Grund davon sei, daß uns die Dinge nicht nur überhaupt im Raume vertheilt, sondern daß sie an ganz bestimmten Orten desselben vertheilt seien, welche von dem Wechsel ihrer gegenseitigen Beziehungen nicht unberührt bleiben? Ich werde diese Hauptfrage im folgenden Kapitel eingehender erörtern.

Auch die Widersprüche, welche Kant in der Annahme der Unendlichkeit einer realen leeren Zeit finden zu müssen glaubt, widerlegen diese Annahme nicht, wäre nur sonst ein selbständiges Dasein irgend welcher Art für die leere Zeit und eine Beziehung solcher realen leeren Zeit zu dem wirklichen Laufe der Welt überhaupt denkbar. „Man nehme an", so argumentirt er, „die Welt habe der Zeit nach keinen Anfang, so ist bis zu jedem gegebenen Zeitpunkte eine Ewigkeit abgelaufen und mithin eine unendliche Reihe auf einander folgender Zustände der Dinge in der Welt verflossen. Nun besteht aber eben darin die Unendlichkeit einer Reihe, daß sie durch successive Synthesis niemals vollendet sein kann. Also ist eine unendliche verflossene Weltreihe unmöglich, mithin ein Anfang der Welt eine nothwendige Bedingung ihres Daseins". Diese Schlußfolgerung ist jedoch nicht zutreffend. Die Unendlichkeit der Zeit ist keineswegs durch die Unmöglichkeit bedingt, durch Synthesis die unendliche Reihe zu vollenden. „Denn gewiß", bemerkt Lotze (Logik 1874 S. 273) hiergegen sehr treffend, „wenn wir eine unendliche Zeit als verflossen betrachten, so meinen wir damit, daß wir, von der Gegenwart in die Vergangenheit zurückgehend, kein Ende des Rückganges finden, die verflossene Zeit mithin nicht durch successive Synthesis unserer Schritte erschöpfen würden; beide Gedanken vertragen sich also völlig und die Unendlichkeit der Vergangenheit wäre nur dann unmöglich, wenn uns die Auffindung eines letzten Gliedes in diesem Rückschritt gelänge". Die Unmöglichkeit, die unendliche Reihe durch successive Synthesis zu vollenden, ist daher eine gänzlich unwichtige Folge, aber kein Gegengrund gegen die Unendlichkeit der Zeit. Es ist wohl zu erwägen, „daß unser Recht und unsere Pflicht, Etwas für seiend oder geschehend anzuerkennen, nicht von unserer Fähigkeit abhängt, durch eine Verbindung von Denkhandlungen es so zu m a c h e n, wie wir uns vorstellen müßten, daß es sein und geschehen werde, w e n n es wäre und geschähe". Die Unendlichkeit der Zeit kann daher bestehen, auch wenn es uns nicht gelingen kann, diese Unendlichkeit durch successive Synthesis vorzustellen, was überdies, wenn es geschehen sollte, wiederum eine unendliche Zeit erfordern würde, selbst wenn unsere successive Vorstellung noch viel schneller von Statten ginge als der wirkliche Ablauf der unendlichen verflossenen Zeit. Mit sich selbst steht daher die Unendlichkeit der Zeit nicht im Widerspruch, sondern nur mit unserem Verlangen, i h r e n u n e n d l i c h e n F o r t s c h r i t t i n e i n e n e n d l i c h e n v o n d e r s e l b e n A r t e i n z u s c h l i e ß e n. (S. 276 l. c.)

Die Schwierigkeiten, welche Kant in seiner Betrachtung der

Antinomieen findet, sind daher an sich weder zureichend, um die gewohnte Meinung von der Objectivität des Raums und der Zeit zu widerlegen, noch würden dieselben durch die entgegengesetzte Ansicht von der Idealität beider beseitigt werden.

Viertes Kapitel.

Vom Raume.

Nicht erst der Versuch, die räumliche Anschauung auf das Weltganze oder auf die letzten Elemente desselben anzuwenden, deckt ihre objective Ungültigkeit auf; diese zeigt sich vielmehr schon, wenn wir ganz im Allgemeinen die Fragen erwägen:

1. Welche Art von Wirklichkeit kann dem Raume überall zukommen?

2. Was bedeutet das Sein der Dinge im Raume; das heißt, was ist der Grund davon, daß uns alle Dinge an ganz bestimmten Orten im Raum vertheilt erscheinen?

Kant hat diese beiden Hauptfragen unerörtert gelassen, weil er alle Betrachtungen über die Natur und das Verhalten der „Dinge an sich" wegen deren angeblicher Unerkennbarkeit principiell aus dem Kreise seiner Untersuchungen ausgeschlossen hatte, aber wir können dieselben hier nicht umgehen, da die Kant'sche Lehre durch deren Beantwortung erst in ihrer vollen Bedeutung hervortritt. Wir haben jenes Vorurtheil der angeblichen Unerkennbarkeit der Dinge und die ihm zu Grunde liegende Voraussetzung der Beharrlichkeit der Substanz als unbegründet erkannt, und wollen nun nach Beseitigung dieser Schranke die volle Bedeutung und Tragweite des von Kant neu eröffneten Gesichtspunktes in der Beantwortung beider Fragen nachzuweisen suchen.

Die Beantwortung der ersten Frage ergiebt sich schon aus dem bisher Gesagten.

Wirklich ist nur, was wirkt, und die Beziehungen der wirklichen Dinge zu einander können nur als innere Erregungszustände der realen Elemente selbst betrachtet werden, die nach dem gewöhnlichen Sprachgebrauche „in ihnen stehen". Die Beziehungen der realen Wesen können auf keine Weise für sich wirklich und als irgendwie zwischen den Dingen vorhanden gedacht werden. Beziehungen überhaupt können nur gedacht werden: entweder als wirkliche Beziehungen, das heißt als innere Erregungszustände der Wesen, welche in ihnen stehen; oder als gedachte Beziehungen, das heißt als Vorstellungen in einem beziehenden Bewußtsein, welches die Wesen mit einander vergleicht und dadurch in Beziehungen bringt, die zunächst nur subjectiver Natur sind, und von denen noch fraglich bleibt, ob ihnen irgend ein correspondirendes objectives gegenseitiges Verhalten der Dinge zu einander entspricht oder nicht.

Dieser Unterschied von wirklichen und blos gedachten Beziehungen ist für die Beantwortung unserer Frage nicht ohne Interesse.

Auch die räumlichen Beziehungen machen keine Ausnahme von jener allgemeinen Regel. Auch sie können nur wirklich sein, entweder als Vorstellungen in einem beziehenden Bewußtsein, oder als innere Erregungszustände in den Wesen zwischen denen sie, nach dem gewöhnlichen Sprachgebrauche, obwalten. Gesetzt auch, das letztere wäre der Fall, die räumlichen Beziehungen wären wirkliche Beziehungen der Wesen zu einander, so würden sie uns doch immer nur als Vorstellungen in uns zum Bewußtsein kommen können. Der nächste Gegenstand unserer Betrachtung sind daher immer nur die räumlichen Beziehungen, die Entfernungen und Lagenverhältnisse, welche zwischen uns und den von uns wahrgenommenen und vorgestellten Dingen, und zwischen diesen unter einander obzuwalten scheinen, denn auch im letzteren Falle können wir stets nur das eine Glied des Beziehungsverhältnisses, unser eigenes Ich, unmittelbar wahrnehmen, während wir die anderen Wesen, welche mit uns oder unter einander in räumlichen Beziehungen stehen sollen, stets nur vorstellen, nicht aber selbst sein können.

Betrachten wir diese vorgestellten räumlichen Beziehungen näher, so werden wir finden, daß in ihnen zwei von einander verschiedene aprioristische Elemente gegeben sind, die eben deßhalb a priori sind, weil wir nichts an ihnen ändern können, weil sie unmittelbar gegeben und ebenso unmittelbar gewiß sind.

Das erste dieser aprioristischen Elemente, welche allen räumlichen Beziehungen eigenthümlich sind und uns daher so selbstverständlich erscheinen, daß es schwer ist, sie gesondert zum Bewußtsein zu bringen, besteht in dem, was die Beziehungen eben als specifisch räumliche erscheinen läßt, in der eigenthümlichen Fähigkeit und Nöthigung unseres Vorstellungsvermögens, alle uns gleichzeitig erregenden Wahrnehmungs- und Vorstellungselemente dadurch zugleich zum Bewußtsein und in gegenseitige Beziehung zu bringen, daß wir sie „nebeneinander“ rücken. Die Vorstellung des Nebeneinander, das Bild räumlicher Entfernung, in dessen anschaulicher Gestalt uns das getrennte Zugleichsein verschiedener Dinge zum Bewußtsein kommt, durch welches wir überhaupt erst die Fähigkeit erlangen, eine Vielheit von Dingen gleichzeitig wahrzunehmen oder vorzustellen, durch dessen aprioristisches Vorhandensein uns allein die Vorstellung des Getrenntseins dieser gleichzeitig in unserem Bewußtsein vorgestellten Dinge möglich wird, ist das primäre inhaltliche Moment der räumlichen Anschauung. Dasselbe ist am treffendsten zu bezeichnen als eine ursprüngliche Reactionsform unseres Wesens, welche uns ebenso a priori gegeben ist, wie die Fähigkeit, auf gewisse Eindrücke mit Licht-, Ton- oder Tastempfindungen zu reagiren. Dasselbe ist wie diese in und mit der Naturanlage des Menschen, und in allen gleichartig, gegeben; es tritt überall in allen auf gleiche Weise hervor, wenn die gesetzlichen Bedingungen seiner Entstehung es in's Leben rufen. Wir können daran ebensowenig etwas ändern, wie wir etwas daran ändern können, daß uns gewiße Aetherschwingungen Licht-, und gewisse Luftwellen Schall-Eindrücke erwecken.

Es ist offenbar, daß dieses erste inhaltliche Element der Raumvorstellung wie die Empfindungen, mit denen wir auf gewisse Eindrücke reagiren, rein subjectiv ist. Es kann wie die Empfindungen, Gefühle und Strebungen nur in dem percipirenden Subjecte existent werden, wenn die Bedingungen seiner Entstehung gegeben sind, denn es ist, wie schon gesagt, nichts weiter, als eine innere Reactionsform unserer geistig-sinnlichen Natur, welche stets angeregt wird, wenn wir durch irgend welche Einwirkungen, sei es von Außen, sei es durch den inneren Ablauf unserer Vorstellungswelt, genöthigt werden, mehrere, sei es gleichartige, sei es verschiedene getrennte Wahrnehmungselemente gleichzeitig aufzufassen. Wir fassen diese dann auf, indem wir sie neben einander rücken. Wie es keine Empfindungen, Gefühle oder Strebungen geben kann ohne ein Subject, welches sie in sich erlebt, so kann das Bild des Nebeneinander nur in der Vorstellung lebendiger Wesen entstehen. Wie die Empfindungen, Gefühle oder Strebungen nicht außer oder zwischen den Subjecten für sich wirklich sein können, sondern nur als Erregungen in ihnen, so kann es auch außer oder zwischen den Subjecten kein irgendwie für sich vorhandenes Bild des „Nebeneinander" geben.

Das zweite aprioristische Element in allen vorgestellten räumlichen Beziehungen ist das Vorhandensein der Zusammengehörigkeit und Gesetzlichkeit, welche zwischen allen wirklich wahrgenommenen und willkürlich über die Wahrnehmung hinaus in Gedanken erweiterten räumlichen Beziehungen thatsächlich obwalten, vermöge deren jedes wahrgenommene oder vorgestellte Vorstellungselement, jeder Punkt, sich mit jedem zweiten in gleichartige Verbindung setzen läßt, wie jeder dritte mit jedem vierten; vermöge deren alle diese Verbindungen meßbarer Unterschiede ihrer Engigkeit fähig sind, und ihr Maß zwischen zwei Punkten durch deren Verhältnisse zu anderen bestimmt wird. Dieses zweite formale aprioristische Element der Raumvorstellung findet seinen umfassenden Ausdruck in den mathematischen Gesetzen, deren Gewißheit gleichfalls auf einer ursprünglichen Anschauung beruht. Wir können die Gewißheit der letzten mathematischen Axiome nicht mehr durch Zurückführung auf noch ursprünglichere Wahrheiten beweisen, wir können sie ebensowenig aus der Erfahrung ableiten, sondern ihre Allgemeinheit und Nothwendigkeit wird uns unmittelbar evident, wenn wir uns auch nur einen einzigen Fall ihrer reinen Anwendung klar zum Bewußtsein bringen. Daß zwischen zwei Punkten nur eine grade Linie denkbar ist, daß zwei in einer Ebene gegen einander geneigte grade Linien sich nur an einem ganz bestimmten Punkte schneiden, parallele dagegen in ihrer unendlichen Verlängerung sich nie berühren können u. s. w., alles dies ist uns unmittelbar gewiß, wenn wir uns auch nur einen einzigen Anwendungsfall klar vergegenwärtigen, und keine Wiederholung desselben Beispiels könnte solche Gewißheit noch verstärken.

Ebenso gewiß wie die mathematischen Gesetze ist uns auch die Zusammengehörigkeit aller Wahrnehmungselemente. Alle getrennte, in ein und demselben Bewußtsein vorgestellte Punkte können nur an einem bestimmten Orte, das heißt, in irgend welchen bestimmten räumlichen Beziehungen zu allen anderen vorgestellten Punkten vorgestellt werden. Alle gehören insofern zusammen und alle vorgestellten oder auch nur denkbaren Punkte vereinigen sich daher nothwendig zu einer einzigen Gesammtanschauung des Raumes, in welcher jedem Dinge sein bestimmter Platz zugewiesen ist. Dadurch eben unterscheidet sich, wie Kant richtig hervorgehoben hatte, die Totalanschauung des Raumes von einem Allgemeinbegriffe, daß die einzelnen Körper im Raume sich zu diesem nicht wie Einzelbeispiele zu einem Allgemeinbegriffe, sondern wie Theile zu einem Ganzen verhalten. Der Grund dieses Unterschiedes ist, daß alle Körper im Raume ihre bestimmten gegenseitigen Lagenverhältnisse zu einander haben, daß sie in bestimmten gegenseitigen räumlichen Beziehungen stehen und sich dadurch zu einem Ganzen vereinigen, während die Einzelbeispiele eines Allgemeinbegriffs nicht nothwendig in dieser Weise verbunden zu sein brauchen.

Erst das Zusammenwirken beider apriorischer Elemente in den unserem Bewußtsein sich zunächst aufdrängenden räumlichen Beziehungen der Dinge ermöglicht und bewirkt in uns die Totalanschauung des Raumes.

Diese ist nicht, wie Kant irrig voraussetzt, in ihrer fertigen Gestalt a priori in uns vorhanden, sondern sie entsteht in jedem Bewußtsein, wo sie überhaupt vorgefunden wird, erst durch Abstraction von dem Thatbestande des unmittelbar Wahrgenommenen und durch Combination der aus jenen Wahrnehmungen abstrahirten Gesetze. Das Erste, was wir wahrnehmen, sind die Dinge in ihren abgestuften räumlichen Beziehungen. Die practischen Bedürfnisse des Lebens und das Nachdenken über die Mittel zu deren Befriedigung führen zwar rasch zum Innewerden der Gesetzlichkeit dieser räumlichen Beziehungen, aber erst die wissenschaftliche Reflexion führt zu deren gesonderter Betrachtung, indem sie uns anleitet, von den Inhalten der wahrgenommenen Dinge zu abstrahiren und nur die Orte, an welchen diese sich befunden haben, in gegenseitige Beziehung zu setzen. Dann wird uns erst klar, daß die räumlichen Beziehungen aller vorgestellten Punkte unter einander ganz gleichartiger Natur sind, und wir gelangen, indem wir diesen als allgemein und nothwendig constatirten Thatbestand von den wahrgenommenen Orten durch weiteres Nachdenken auf alle denkbaren Punkte erweiternd übertragen, zu der Einsicht, daß alle insoweit zusammengehören und nach denselben Gesetzen miteinander verbunden werden müssen. Daraus entsteht dann erst, gleichsam als ein Integral der in allen denkbaren räumlichen Beziehungen obwaltenden Gesetzlichkeit, in uns die Totalanschauung des in allen seinen Theilen gleichmäßig constituirten, nach denselben Gesetzen gebildeten Raums, der alles Wirkliche in sich zu befassen scheint. Dieser ist daher das Secundäre und nicht das Primäre in unserer Vorstellung. Nicht die Totalanschauung des Raums ist angeboren, sondern die räumlichen Gesetze sind das Erste, dessen wir uns bewußt werden, und mit deren Hülfe wir jene Anschauung dann erst durch eine Arbeit der Abstraction und Combination erlangen, welche bei Menschen verschiedener Bildungsstufe bald mehr bald weniger gelingt. Kant dreht hier den wahren Sachverhalt grade um. Die Apodicticität der geometrischen Gesetze folgt nicht, wie Kant lehrt, aus der vorher in fertiger Gestalt angeborenen Raumanschauung, sondern diese ist umgekehrt erst die Consequenz jener. Dies ist jedoch nicht so zu verstehen, daß der Raumanschauung eine specielle Kenntniß aller räumlichen Gesetze vorhergehen müßte; es genügt dazu allein schon das deutliche Bewußtsein einer überhaupt vorhandenen nothwendigen Gesetzlichkeit und Gleichartigkeit aller räumlichen Beziehungen, denn diese allein ist der Grund der homogenen Natur der Raumanschauung. So pflegt allerdings die Raumanschauung früher in uns zu entstehen, als die specielle Kenntniß der geometrischen Gesetze, und dies ist der Grund, der Kant zu jener Umkehrung des wahren Sachverhalts verleitete. Es gewinnt dadurch den Anschein, als könnten die geometrischen Gesetze nur durch Ausdeutung des Inhalts der Raumanschauung erkannt werden. Aber die Raumanschauung war nicht früher als das unentwickelte von Anfang an vorhanden gewesene Bewußtsein nothwendiger universeller Gesetzlichkeit aller räumlichen Beziehungen, sondern ist erst durch Verallgemeinerung und Erweiterung dieses Bewußtseins entstanden, und die Ausdeutung des Inhalts jener Gesetzlichkeit aller räumlichen Beziehungen, nicht diejenige des *fertigen* Raums, führt zur Erkenntniß der geometrischen Gesetze und vervollständigt dadurch zugleich natürlich auch den Inhalt der Totalanschauung des Raumes selbst.

Die richtige Erkenntniß dieses wahren Sachverhalts ist nicht gleichgiltig für die Beantwortung der beiden vorangestellten Fragen nach der Art der Wirklichkeit des Raumes und nach der Bedeutung des Seins der Dinge im Raum. Vergegenwärtigen wir uns nämlich den Hergang der Entstehung der Totalanschauung des Raumes in uns, so wird sofort klar, daß der *Raum im Ganzen* nur allein die Anschauung des allgemeinen gesetzlichen Verhaltens aller Dinge zu einander bedeuten, daß er mithin in dieser angeschauten Gestalt nicht an sich selbst zwischen den Dingen, sondern überhaupt nur in der zusammenfassenden Anschauung lebendiger Wesen wirklich sein könne.

Damit ist die Frage nach der Realität oder Idealität des Raumes als solchen aber bereits definitiv entschieden. Der Raum im Ganzen ist und kann, wie Kant richtig lehrt, nicht als Ding an sich, oder als Realität an sich, sondern er kann seinem Wesen und seiner Natur nach nur als Anschauung in den lebendigen Wesen wirklich sein.

Aber dennoch ist dieses Ergebniß der Kant'schen Lehre nicht erschöpfend und vollständig. Der Raum ist mehr als bloße reine Form der Anschauung in uns. Selbst wenn er das wäre, so müßte er doch die Form von irgend etwas sein, was wir anschauen, und was vermöge seiner inneren Natur auch in diese Form paßt. Nun kann zwar nichts Gegenstand unserer Anschauung werden, was wir nicht unmittelbar selbst in uns erleben. Innere Erregungen unseres Wesens sind die letzten thatsächlich gegebenen Bausteine, aus denen die Vorstellung aller Dinge und der ganzen uns scheinbar umgebenden Außenwelt entsteht. Aber alle Gesichts-, Ton- und Tast-Empfindungen, welche jenes ursprüngliche Material unserer Wahrnehmung bilden, erscheinen uns doch an ganz bestimmten Orten des angeschauten Raums vertheilt. Alle jene Empfindungen bringen wir auch nicht willkürlich in uns hervor, sondern sie sind Reactionen gegen Eindrücke, welche wir erleiden. Wir weisen ihnen die Orte, an denen sie uns erscheinen, nicht willkürlich an, sondern diese Orte werden durch die Art der Einwirkungen bestimmt, welche wir erleiden und nicht selbst machen.

Denkbar wäre freilich, daß wir alle jene Empfindungen, welche während unseres wachen Lebens fortwährend in unabsehbarer Fülle in uns entstehen, durch selbsteigene Thätigkeit ohne Mitwirkung irgend welcher anderer Wesen vielleicht unbewußt in uns selbst hervorbrächten, daß ein unbewußter Zwang in uns ihnen die Stellen im Raume vorschriebe, an denen wir sie wahrnehmen. Dann würde jeder, in dessen Seele sich dieses wunderbare Spiel ereignete, das isolirte Centrum einer Welt für sich sein, die er sich selbst erschüfe. Dann gäbe es außer ihm überhaupt keine ihm erreichbare Welt, denn gäbe es noch andere Welten außer ihm, so ständen sie doch mit der Welt, die er sich selbst schafft, außer aller Beziehung, sie wären eben deshalb für ihn nicht da. Nur für diesen Standpunkt des absoluten Idealismus, nur wenn alles, was das erkennende Subject anschaut, durch eigene rein spontane Thätigkeit ohne jede Mitwirkung anderer Wesen aus ihm allein hervorginge, nur für ein solches absolutes Subject wäre auch die Form, in der es die dann von ihm selbst geschaffenen anderen Wesen auffaßte, rein subjectiv, weil es für ein solches Wesen überhaupt keine außer ihm vorhandene Wesen und keine Objectivität gäbe.

Aber dieser absolute Idealismus ist nur eine sinnlose Fiction, welche vor dem Totaleindrucke des Lebens nicht Stand hält. Es ist eitle Träumerei, wenn jemand sich einbildet, er selbst schüfe die Welt, welche ihn scheinbar umgiebt, durch eigene Machtvollkommenheit, die Erde mit allen ihren Geschöpfen, die Menschen mit denen er verkehrt und welche außerdem die Länder erfüllen; die Sonne und der Mond, die Planeten und alle Sterne seien sein eigenes Werk, das er selbst durch eigene unbewußte Geisteskraft in sich hervorbrächte. Selbst wenn eine derartige Phantasie nicht streng und mit absoluter Sicherheit durch rein theoretische Gründe widerlegbar wäre, der zwingende Eindruck des practischen Lebens würde sie als eitlen Wahnwitz erscheinen lassen.

Sobald man aber diesen wahnwitzigen Gedanken fallen läßt, sobald man eine Vielheit realer Wesen außer dem erkennenden Subjecte als vorhanden anerkennt, deren Einwirkungen auf uns jene unabsehbare Fülle der sinnlichen Elementarempfindungen erregt, welche die Bausteine unserer Weltansicht liefern, dann wird sofort offenbar, daß auch die bestimmten Orte, an welchen jene Empfindungen in unserer Raumvorstellung vertheilt erscheinen, daß auch diese Orte, welche ebenso verschiedenartig und mannigfach und ebenso unabhängig von unserer Willkür bestimmt sind als die Empfindungen nach ihrem specifischen Inhalte selbst, nur durch die Art der auf uns wirkenden Eindrücke und durch die mannigfachen Beziehungen im Einzelnen bestimmt sein können, in denen die einwirkenden Elemente zu uns und unter einander thatsächlich im Augenblicke des Wirkens stehen.

Erkennen wir also an, daß die Empfindungen, welche unabhängig von unserer Willkür in uns entstehen, durch Einwirkungen anderer Wesen auf uns hervorgerufen werden, so folgt nothwendig, daß auch die Bestimmung der Orte, an welchen wir jene Empfindungen im Raume wahrnehmen, nicht durch unser Belieben, sondern durch die Art der Einwirkungen jener anderen Wesen in unabänderlicher Weise geschehen müsse.

Durch diese Einsicht gewinnen wir einen festen thatsächlichen Boden für die Entscheidung auch der zweiten unserer beiden vorangestellten Fragen.

Sind die Ortsbestimmungen unserer Wahrnehmungen abhängig von der Art, wie die anderen jene Wahrnehmungen veranlassenden Wesen auf uns einwirken, so sind sie jedenfalls nicht rein subjectiv, sondern mitbedingt durch die Thätigkeit der anderen auf uns einwirkenden Wesen, also mitbedingt durch andere mit uns selbst nicht identische reale Factoren. Es bleibt nun zu untersuchen übrig, und von den Ausfall dieser Untersuchung wird die weitere Entscheidung abhängen, wie es möglich und denkbar sei, daß die einwirkende Thätigkeit der anderen Wesen einen bestimmenden Einfluß auf die Größe der Entfernungen und der Gesichtswinkel erlangen könne, deren Maaßverhältnisse die Orte bestimmen, an welchen uns die einzelnen Empfindungen zum Bewußtsein kommen, welche durch jene einwirkende Thätigkeit in uns erweckt werden.

Alle Einwirkungen der anderen Wesen auf uns, mag man deren Hergang metaphysisch oder psychologisch erklären wie man wolle, sind jedenfalls abhängig von zwei Momenten, deren gesonderte Hervorhebung unsere Untersuchung wesentlich erleichtert, nämlich einerseits von dem, was im Augenblicke der Wechselwirkung in uns selbst und in den auf uns einwirkenden anderen Wesen thatsächlich geschieht, und andererseits von dem gegenseitigen Verhältnisse, in dem wir und die auf uns einwirkenden Wesen zu einander und zu der übrigen Welt im Augenblicke des Wirkens stehen.

Auch dieses gegenseitige Verhältniß kann auf die Art und das Ergebniß des Wirkens nicht ohne Einfluß sein.

Wenn alle Wesen, welche zu dem Ganzen der Welt miteinander verknüpft sind, in ganz bestimmten Abhängigkeitsverhältnissen zu einander stehen, deren abgestufte Intensität mit ihren wechselnden Zustandsänderungen selbst einem steten Wechsel unterworfen ist, so muß auch die Art und Intensität des Wirkens der einzelnen auf einander durch die Arten und Grade der Abhängigkeit mitbestimmt sein, in welchen dieselben sich im Momente des Wirkens zu einander und zu allen übrigen Wesen befanden. Sie müssen verschieden ausfallen, wenn jene Abhängigkeitsverhältnisse zu verschiedenen Zeiten des Wirkens verschieden sind. Die Abhängigkeitsverhältnisse, in denen wir uns selbst zu den auf uns einwirkenden Wesen und zu dem Ganzen der Welt befinden, werden daher den Erfolg mitbestimmen helfen, den wir durch deren Einwirkungen erleiden; jene Abhängigkeitsverhältnisse müssen in den Wahrnehmungen, in welchen uns diese Einwirkungen zum Bewußtsein kommen, ihren ganz bestimmten Ausdruck finden.

Richten wir, um diesen Ausdruck zu finden, welcher als variabler aber doch stets gleichartiger Coëfficient alle Empfindungen begleiten muß, denn irgend welche bestimmte Werthe müssen jene Abhängigkeitsverhältnisse in jedem Moment der Wahrnehmung haben, unseren Blick auf die innere Wahrnehmungswelt, so treffen wir hier in der That bei allen einzelnen Wahrnehmungen auf ein inhaltliches und ein formales Element, deren gesonderte Betrachtung uns sogleich auf die richtige Fährte führt. Das inhaltliche Element, das ist der specifische Inhalt unserer Empfindungen, ist incommensurabel verschieden und lediglich durch das bestimmt, was im Momente des Wirkens wirklich in uns geschieht, nämlich durch die Art, wie wir gemäß unserer Naturanlage auf die an uns gelangenden Eindrücke reagiren. Das formale Element ist eben der Inbegriff der Lagenverhältnisse, in denen uns die Empfindung zur Wahrnehmung gelangt, der bestimmte Ort, an welchem sie erscheint. Dies ist jener variabele aber doch stets gleichartige, alle Empfindungen begleitende Coefficient, in welchem die Summe und Intensität der gegenseitigen Beziehungen ihren Ausdruck findet, in welchen wir uns zu den auf uns einwirkenden Elementen, und in denen diese unter einander und zu allen übrigen Wesen, sich im Momente des Wirkens befinden.

Daraus ergiebt sich der sehr wichtige und für die rechte Würdigung der räumlichen Auffassung grundlegende Satz, daß die bestimmten Orte, an denen uns die einzelnen sinnlichen Wahrnehmungen erscheinen, der phänomenale Ausdruck der wirklichen intelligiblen Beziehungen seien, in denen wir zu den jene Wahrnehmungen in uns erregenden anderen Wesen und zu der ganzen übrigen Welt im Momente des Wirkens stehen. Jetzt begreifen wir, woher es kommt, daß wir die Dinge nicht anders als räumlich vorstellen können, daß alle Wahrnehmungen uns nicht nur an irgend welchen, sondern an ganz bestimmten Orten erscheinen müssen. Wir können uns selbst und die Dinge nicht vorstellen, ohne unser Verhältniß zu den vorgestellten Dingen und der ganzen übrigen Welt zugleich mit vorzustellen. Alle Dinge, welche das Ganze der Welt ausmachen, stehen in gegenseitigen Wechselwirkungen, welche einer abgestuften Intensität und einem beständigem Wechsel unterliegen. Diese Wechselwirkungen bilden das Band ihrer Zusammengehörigkeit zu demselben Weltganzen. Wir können kein einziges reales Wesen außerhalb dieses Bundes gegenseitiger Wechselwirkung vorstellen. Ein solches Wesen würde außerhalb des Weltverbandes stehen, eine isolirte Welt für sich bilden. Ganz Aehnliches gilt von den räumlichen Beziehungen der vorgestellten Dinge zu einander, in denen jene realen Abhängigkeitsverhältnisse wieder erscheinen. Wir können kein Ding vorstellen, ohne es durch räumliche Beziehungen bestimmter Art mit allen übrigen Objecten unserer Vorstellungswelt in Verbindung zu setzen. Weil wir in jedem Augenblicke zu allen übrigen Dingen und dem Ganzen der Welt in bestimmten Abhängigkeitsverhältnissen stehen, deshalb können wir uns und alle Dinge stets nur an bestimmten Orten in dem uns scheinbar umgebenden Weltraume vorstellen.

Wir begreifen nun auch den durchgängigen Parallelismus, welcher thatsächlich zwischen den räumlichen Beziehungen der vorgestellten Dinge und zwischen dem vorausgesetzten wirklichen gegenseitigen Verhalten derselben obwaltet. Wir begreifen, wie der unbegrenzten Mannigfaltigkeit der Wechselwirkungen die Fähigkeit des Raumes entsprechen müsse, durch die unbegrenzte Mannigfaltigkeit der möglichen Beziehungen seiner Punkte die vielfältigste Verschiedenheit und Abstufung der gegenseitigen Verhältnisse der Dinge zu versinnlichen und darzustellen. Wie ferner das gegenseitige wirkliche Verhalten der Dinge zu einander allein bestimmt wird durch die wirklichen Zustandsänderungen derselben und mit diesen sich continuirlich ändert, so wird uns nun klar, daß auch die vorgestellten räumlichen Beziehungen der Dinge, ihre bestimmten Lagenverhältnisse, durch die jeweiligen Zustände bestimmt sein müssen, in denen wir die Dinge vorstellen, und daß dieselben sich continuirlich mit diesen Zuständen ändern müssen.

Wie endlich jedes Ding in der realen Ordnung der Welt seine bestimmte Stelle hat, welche ihm durch die Gesammtheit seiner Wechselwirkungen mit allen übrigen Wesen bestimmt ist, so ist auch die Anschauung der Welt nicht für alle vorstellenden Wesen dieselbe, sondern ist für jedes bestimmt durch den Ort, den es in der räumlichen Vorstellung der Welt einnimmt. Jedem erscheint nur ein Ausschnitt der Welt, und dieser in der eigenthümlichen Verschiebung und Projection, welche dem Unterschiede der Weltstellung dieses Wesens von der seines nächsten Nachbars in der intellectuellen Ordnung der Dinge entspricht*). „So sehen wir zwar im Großen dieselbe Welt, jeder aber sie verschieden im Kleinen; genau dieselbe Anschauung könnte einer mit dem anderen nur theilen, wenn er aus seinen Verhältnissen zur Gesammtheit der Welt in diejenigen einrückte, in denen der Andere sich vorher befand, eine Veränderung, die ihm selbst als räumliche Bewegung seiner selbst durch die um ihn erscheinende Raumwelt vorkommen müßte. Wie die Gesammtheit aller wirklichen Wechselwirkungen, welche das Verhältniß jedes Wesens zu dem Ganzen der Welt bestimmen, zusammenhängt mit der Gesammtheit der Beziehungen jedes anderen zu dem Ganzen der Welt, so sind auch die räumlichen Weltbilder, welche die verschiedenen Wesen um sich entwerfen, nicht ohne Zusammenhang. Jeder erscheint dem Anderen an einer bestimmten Stelle der von diesem angeschauten Raumwelt, von welcher aus seine eigene Stellung so gesehen wird, daß beiden zur Vertauschung ihrer Plätze entgegengesetzte Bewegungen in derselben Linie nothwendig erscheinen müssen. Beide werden daher innerhalb der Raumwelt, die jedem von ihnen zwischen ihm und den anderen sich auszubreiten scheint, während sie in Wahrheit nur in ihnen selbst sich ausdehnt, gleichwohl einander aufzufinden und in geordneter Bewegung zur Wechselwirkung zusammenzutreffen wissen". Die Beobachtung des Lebens bestätigt dieses durchgängige Abhängigkeitsverhältniß zwischen dem Wechsel der inneren Zustände der vorgestellten Wesen zu einander und dem Wechsel der Orte, an denen sie uns in unserer Vorstellung erscheinen, in umfassendem Maaße, und dieses Abhängigkeits-

*) Lotze. Mikrokosmus Bd. III. S. 497.

verhältniß, wie der ganze Parallelismus zwischen den vorgestellten räumlichen Beziehungen unserer Vorstellungsobjecte und dem vorausgesetzten wirklichen Verhalten der Dinge zu einander ist nur erklärlich unter Voraussetzung der Geltung des obigen Satzes, nach welchem die Gesammtheit der bestimmten räumlichen Beziehungen, in welchen die wahrgenommenen Dinge zu uns und unter einander stehen, nur als der vorstellungsmäßige Ausdruck des wahren gegenseitigen Verhaltens der Dinge zu uns und unter einander betrachtet werden kann.

Das Ergebniß unserer Untersuchung wäre danach, daß alle räumlichen Beziehungen, welche wir zwischen den erscheinenden Dingen zu uns und unter einander wahrnehmen, in bestimmten gesetzlichen Abhängigkeitsverhältnissen von den wahren intelligibeln Beziehungen stehen, welche zwischen den Dingen an sich selbst thatsächlich obwalten.

Besteht aber ein solches Abhängigkeitsverhältniß, vermöge dessen alle Einzelwerthe der räumlichen Beziehungen zwischen den Objecten unserer Vorstellung bestimmten correspondirenden Werthen der intelligibeln wahren Beziehungen der Dinge zu uns und unter einander entsprechen, so müssen auch die gegenseitigen Verhältnisse der räumlichen Beziehungen in unserer Vorstellung unter einander den bestimmten correspondirenden Verhältnissen der wirklichen intelligiblen Beziehungen der Dinge unter einander entsprechen. Insbesondere muß die Gesetzlichkeit, welche zwischen den räumlichen Beziehungen in unserer Vorstellungswelt obwaltet, einer correspondirenden Gesetzlichkeit in dem wirklichen Verhalten der Dinge zu einander entsprechen. Den geometrischen Gesetzen der Raumbeziehungen muß ein Correlatum in der Welt der Dinge an sich entsprechen. Dieses Correlatum ist das Causalgesetz, vermöge dessen alles Geschehen in allen Dingen einem allgemeinen gesetzlichen Zusammenhange unterworfen ist. Die mathematischen Gesetze sind daher der Ausdruck der allgemeinen Gesetzlichkeit, welcher alle Beziehungen des Wirklichen unterworfen sind, sie sind der Ausdruck derselben in einem eigenthümlichen Elemente der Form, welches nur dem subjectivem Geistesleben angehört. Dadurch wird uns der Sinn und die Bedeutung der mathematischen Gesetze erst recht offenbar, daß sie als Functionen jener allgemeinen Gesetzlichkeit begriffen werden, welche alles Geschehen zu der Einheit einer teleologischen Gesammtbewegung verknüpft.

Dieselben stellen sich jetzt als der Wiederschein dar, den die Gesetzlichkeit des wahren Verhaltens der Dinge und deren inneren Zusammengehörigkeit in unsere Vorstellungswelt hineinwirft, welche sich nur im Lichte dieses Wiederscheins sachgemäß zu entfalten vermag. Unser Vorstellungsleben, welches ja mit zu dem Ganzen der Welt gehört, wird dadurch in allen seinen einzelnen Zügen auf's Innigste in das Ganze dieser allgemeinen Gesetzlichkeit, in die Einheit der teleologischen Gesammtbewegung des Weltprocesses mit hineingezogen.

Jetzt endlich, nachdem wir auch die Bedeutung der Elemente der Raumanschauung erkannt haben, wird uns auch der Sinn und das Wesen der letzteren selbst offenbar. Erinnern wir uns, daß die Totalanschauung des Raumes aus der stillschweigend erweiterten Anwendung der mathematischen Gesetze auf alle denkbaren Punkte entstanden, daß der Raum gleichsam das Integral ist, welches aus der Summirung aller unendlich vielen Anwendungsfälle des Gesetzes des Nebeneinander hervorgeht, so muß uns die Bedeutung der Elemente und ihrer Verbindungen auch den Sinn des Ganzen enthüllen. Wie die Form des Nebeneinander überhaupt der vorstellungsmäßige Ausdruck der wahren intelligiblen Beziehungen der Dinge zu einander ist, und die concreten Einzelwerthe der räumlichen Entfernungen und Lagen der vorgestellten Dinge durch die Abstufungen der Art und Intensität jener Beziehungen bestimmt werden, wie endlich die mathematischen Gesetze der Wiederschein des gesetzlichen Zusammenhanges in jenem wahren Verhalten der Dinge sind, so ist der Raum im Ganzen der in eine Totalanschauung zusammengezogene Eindruck der alles Geschehen im Universum ausnahmslos beherrschenden Gesetzlichkeit.

Durch diese Einsicht erst vollendet sich das Ergebniß der Lehre Kant's von der Idealität des Raumes. Sie lehrt uns nicht blos, was der Raum sei, sondern auch, was er bedeute*). Der Raum

*) Dieses Ergebniß wird durch die verschiedenen Versuche, das Entstehen der Raumvorstellung in uns psychologisch zu erklären, nicht berührt. Die bestbegründete dieser Hypothesen ist die von Lotze aufgestellte und sehr geistreich entwickelte Theorie der Localzeichen (Psychologie. Leipzig 1852 Buch II Kap. 4. Metaphysik von 1879 III. Buch Kap. 4), deren sorgfältiges Studium ich meinen Lesern nicht dringend genug empfehlen kann, und welche ich nur der Kürze halber nicht mit in diese Darstellung aufgenommen habe.

ist und kann allerdings nur wirklich sein als Anschauung in dem lebendigen Wesen, er kann sich nur als Vorstellung in diesen wirklich ausdehnen, aber er ist hier nicht eine inhaltlose leere Form, und nicht eine Form der Anschauung von rein subjectiver Geltung und Bedeutung. Um die wahre Bedeutung der Totalanschauung des Raumes recht zu verstehen und zu würdigen, mußten wir auf deren Elemente recurriren. Rein subjective ursprüngliche Reactionsform unserer geistigen Naturanlage war nur die Anschauung des Nebeneinander, aber auch dieses inhaltliche Element der Raumvorstellung stellte sich nicht als bloße Sonderbarkeit menschlicher Auffassungsweise dar, sondern es war bestimmt, die wahren intelligiblen Verhältnisse der Dinge zu einander vorstellbar zu machen, diesen an sich unräumlichen Verhältnissen einen anschauungsfähigen Ausdruck in unserer Vorstellungswelt zu verschaffen. Ohne diese Fähigkeit, ohne diese Einrichtung unserer geistigen Naturanlage würden wir gänzlich außer Stande sein, mehrere Dinge und deren Verhältnisse zu uns und unter einander überhaupt vorzustellen. Ohne sie würden wir außer Stande sein, aus den intensiven Erregungen unseres Wesens die Vorstellung der Welt selbstschöpferisch in uns zu gestalten, die unzähligen in uns auftauchenden Empfindungen auseinanderzuhalten und miteinander in Relation zu setzen, sie zu unterscheiden, zu vergleichen und in mannigfachen Formen und Gestalten mit einander zu verknüpfen.

Die Fähigkeit, auf mehrere gleichzeitig auf uns einwirkende Reize durch die räumliche Anschauung des Nebeneinander zu reagiren, ist daher von grundlegender Bedeutung für die Gestaltung unserer Vorstellungswelt und für die höhere Entfaltung der in unserer geistigen Naturanlage gegebenen Keime.

War dieses erste inhaltliche Element unserer räumlichen Anschauung, welches dieser ihren eigenthümlichen specifischen Charakter verleiht, rein subjectiver Art wie alle inneren Erregungen unseres Wesens, so trat die objective Bedeutung der Raumanschauung schon in der Bestimmung der Einzelwerthe dieses Nebeneinander hervor, in der bestimmten Localisirung der einzelnen wahrgenommenen Empfindungen, in der specifischen Bestimmung der Orte und Lagenverhältnisse, in denen wir alle einzelnen Dinge vorstellen. Wir haben gesehen, daß diese in allen Fällen, wo es sich um objective Wahrnehmungen handelt, nicht von unserem Belieben abhängen, sondern durch die Verhältnisse bestimmt werden, in denen wir uns zu jenen anderen Wesen, und in denen sich jene anderen Wesen zu einander im Augenblicke der Einwirkung befanden. Die bestimmten Orte und Lagenverhältnisse der vorgestellten Dinge zu uns und unter einander sind daher die Formen, in denen sich uns die wahren intelligiblen Verhältnisse der Dinge in unserer Vorstellungswelt darstellen, sie sind der vorstellungsmäßige Ausdruck der Gesammtheit dieser Verhältnisse.

Es folgt hieraus, daß auch die mathematischen Gesetze von dem gesetzlichen Verhalten und der Zusammengehörigkeit der Dinge selbst abhängig, und der vorstellungsmäßige Ausdruck dieses gesetzlichen Verhaltens und dieser Zusammengehörigkeit sind, daß endlich die Totalanschauung des Raumes nur eine Function des allgemeinen gesetzlichen Zusammenhanges aller Dinge ist, in welcher dieser sich wiederspiegelt.

Wir haben jetzt die beiden im Anfang dieses Kapitels aufgeworfenen und von Kant offen gelassenen Fragen nach der Art und Wirklichkeit des Raumes und nach dem Grunde und der Bedeutung der Ortsbestimmungen im Raume zu beantworten versucht, und gewannen dadurch erst den wahren Einblick in die tiefgreifende Bedeutung und die unermeßliche Tragweite des von Kant in der Lehre von der Idealität des Raumes neu eröffneten Gesichtspunkts, vermöge dessen der Raum nur als *Anschauung* in den lebendigen Wesen, nicht aber in der Form wie er uns erscheint als *Realität* außer uns und zwischen den lebendigen Wesen wirklich sein kann.

Wir fanden, daß das Correlatum der Raumanschauung in der Welt der „Dinge an sich" nur jener allgemeine gesetzliche Zusammenhang sein könne, welcher die Verhältnisse aller Dinge regelt und ordnet, und daß auch dieses *objective Correlatum* des Raumes nicht *zwischen* den realen Wesen in irgend welcher Weise für sich wirklich sein könne, daß es nicht so für sich wirklich sein könne, wie der Raum in unserer Vorstellung als ein zwischen den Dingen ausgebreitetes Medium vorhanden zu sein scheint, sondern daß auch jenes Correlatum der allgemeinen Gesetzlichkeit, wie die Raumanschauung selbst, nur *in* den Wesen als allgemeingültige Ordnung und Regel ihres Verhaltens wirklich sein könne. Wir fanden, daß der Raum *nicht blos* eine subjective Anschauung in uns, sondern daß er die Anschauung von *etwas* sei, was in der Natur der Dinge verwirklicht ist, aber wir fanden zugleich, daß auch dieses etwas, welches der

Raumvorstellung in dem wirklichen Verhalten der Dinge entspricht, nicht eine Realität für sich und zwischen den Dingen, sondern daß es auch, wie die Raumanschauung selbst, nur in den Dingen verwirklicht sein könne, als die constante Ordnung und Regel ihres gegenseitigen Verhaltens. Wir gelangten zu der Ueberzeugung, daß nicht blos die Raumanschauung selbst, sondern auch ihr objektives Correlatum in der Welt der Dinge an sich nur als ideales Moment in den realen Wesen, nicht als selbständige Realität zwischen ihnen gedacht werden kann.

Der Grundsatz der Idealität des Raumes erweitert sich dadurch und erlangt eine universale Geltung, welche auch das objective Correlatum des Raumes mit umfaßt. Ideal ist nicht blos der Raum als solcher, sondern auch das, was wir in ihm anschauen, der allgemeine gesetzliche Zusammenhang der Dinge unter einander. Wir fanden, daß auch das, was wir im Raum anschauen, eine gleich umfassende Bedeutung für den Zusammenhang des objectiven Ganzen der Welt habe, als welche der Anschauung des Raumes für die Gestaltung unserer Vorstellungswelt innewohnt.

Im practischen Leben war uns die Wichtigkeit und Unentbehrlichkeit der Raumanschauung längst offenbar gewesen. Jetzt lernen wir durch die Erkenntniß der wahren Natur des Raumes und durch das Verständniß des Sinnes der räumlichen Beziehungen auch die concreten Züge kennen, auf denen jene Wichtigkeit und Unentbehrlichkeit der Raumanschauung im Einzelnen beruht. Wir begreifen, daß das Sein der Dinge im Raum nur der vorstellungsmäßige Ausdruck ihres wahren gegenseitigen Verhaltens zu einander sei, daß die räumliche Ordnung unserer Vorstellungsobjecte das Gegenbild der intelligiblen Ordnung sei, in der die vorgestellten Dinge vermöge ihres gegenseitigen wirklichen Verhaltens befaßt sind.

Fünftes Kapitel.

Von der Zeit.

Ganz ähnlich wie bei der Betrachtung des Raums zeigt sich auch die Unmöglichkeit des Vorhandenseins einer leeren Zeit und die wahre Bedeutung der Zeitanschauung schon, wenn wir ganz allgemein die beiden Fragen erwägen:

1. Welche Art von Wirklichkeit kann der Zeit zukommen?

2. Was bedeutet das Sein der Dinge und das Geschehen der Ereignisse in der Zeit; das heißt, wie kommt es, daß die Ereignisse in bestimmter Zeitfolge geschehen?

Auch diese Fragen hat Kant aus demselben Grunde unerörtert gelassen, welcher ihn verhinderte, die ganz ähnlichen Untersuchungen in Betreff des Raumes anzustellen. Nachdem er sich durch das Vorurtheil der Unveränderlichkeit der Substanz einmal dafür entschieden hatte, daß alles Geschehen, also auch der zeitliche Verlauf, der das characteristische Merkmal alles Geschehens ist, nur dem Gebiete der Erscheinung angehören, die „Dinge an sich" aber völlig unberührt lassen müsse, lag für ihn keine Veranlassung mehr vor, Betrachtungen über das Vorhandensein eines Correlatums der Zeitanschauung in der Welt der Dinge an sich, und nach der Art der Wirklichkeit eines solchen Correlatums, anzustellen, oder auch nur zu fragen, was das Sein der Dinge in der Zeit überhaupt bedeuten könne? Wären in der That die „Dinge an sich" ganz unveränderlich und geschähe in ihnen Nichts, so könnten auch nur gedachte Beziehungen zwischen ihnen obwalten. Die Bedingungsordnung der realen Bestandtheile der Welt gliche dann einem zusammenhängenden Systeme von Wahrheiten, in welchem an sich gar nichts geschehen könnte. Es gäbe dann lediglich eine Bewegung des beziehenden Denkens, welches die zwischen den vorgestellten Dingen obwaltenden gegenseitigen Verhältnisse sich in successiver Folge zum Bewußtsein brächte, und dadurch einen Schein der Veränderung und des Geschehens in sich erzeugte, dessen Bewegung sich den Dingen an sich nicht mittheilen könnte. Es könnte dann nicht von einem wirklichen Geschehen der Ereignisse und von einem Sein der Dinge in der Zeit die Rede sein.

Die nachfolgenden Betrachtungen werden jedoch zeigen, daß wir auch hier vor einer Schranke des Kant'schen Denkens stehen, deren Beseitigung erst die wahre Bedeutung des von Kant in dieser Frage neu eröffneten Gesichtspunkts voll zur Geltung bringen wird. Auch hier schließe ich mich den bahnbrechenden Untersuchungen Lotze's an, welcher in der Beantwortung beider vorangestellter Fragen als der Vollender der Kant'schen Ansicht betrachtet werden muß*).

---

*) Ich verweise hier insbesondere auf das dritte Kapitel des I. Buchs der Metaphysik von 1879.

Wären die letzten realen Bestandtheile der Welt, die realen Wesen an sich selbst absolut unveränderlich, wären sie keines Wechsels ihrer inneren Zustände und keines Wirkens fähig, so müßten wir doch wenigstens, um das nicht hinwegzuleugnende Phänomen der Veränderung und des Geschehens in uns, um die Thätigkeit des Vorstellens und des beziehenden Denkens zu erklären, durch welche wir die Vorstellungen jener Dinge in wechselnde Beziehungen bringen, in unserer beobachtenden Seele die Fähigkeit der Veränderung und des Wechsels ihrer inneren Zustände voraussetzen. Wollten wir auch die hier unmittelbar erlebte Thatsache des Geschehens in uns als bloßen Schein betrachten, der sich in einem an sich unveränderlichen substantiellen Wesenskerne in uns ereignete, so verwickeln wir uns alsbald in unauflösliche Widersprüche, wenn wir nach der Wirklichkeitsform dieses angeblichen Scheins und nach den Gründen seiner Entstehung fragen.

Erklären wir die realen Wesen für absolut unveränderlich und keines Wechsels ihrer Zustände fähig, so leugnen wir auch den Schein der Veränderung, welcher sich in ihnen ereignen soll, denn ein Schein ist nicht zu denken ohne ein Subject, dem er erscheint; er selbst aber kann seinem Wesen nach nicht anders gedacht werden als das Bewußtwerden einer Zustandsänderung, welche das Subject wirklich erleidet, welchem der Schein erscheint. Der Schein kann sich nicht in einem Subject ereignen, ohne daß dieses etwas davon gewahr würde, denn im Gewahrwerden wird er selbst erst existent. Der Schein kann nicht irgendwie außer oder zwischen den Wesen für sich wirklich werden, ohne daß diese in irgend welcher Weise davon berührt würden. Die Empfindung des Rothen ist weiter nichts als die Zustandsänderung, welche derjenige in sich erlebt, der das Roth sieht. Es kann kein Roth geben, wenn Niemand ist, der es sieht. So ist es mit allen Erscheinungen und allen Vorstellungen. Alle sind Zustandsänderungen der Wesen, welche sie in sich erleben, und weiter Nichts. Es ist absolut undenkbar, daß in irgend einem Subjecte, dessen Wesen in starrer Unveränderlichkeit besteht, irgend eine Empfindung, irgend ein Schein der Veränderung oder des Wechsels seiner Zustände entstehen könne. Das Vorurtheil, dem die gegentheilige Auffassung entspringt, beruht auf einer Gewohnheit unseres Denkens, vermöge deren wir im Denken das Subject den Eigenschaften gegenüberstellen, welche wir ihm beilegen, indem wir beide getrennt vorzustellen pflegen. Durch diese Gewohnheit bildet sich in uns allmählig die Vorstellungsweise aus, daß die Dinge getrennt von den Eigenschaften, und diese getrennt von den Dingen, an welchen wir sie wahrnehmen, für sich auch wirklich sein könnten.

Diese entschuldbare aber verkehrte Vorstellungsweise ist es eigentlich, welche in ihrer consequenten Erweiterung zu dem metaphysischen Ungedanken führt, daß den Dingen ein substantieller beharrlicher Wesenskern als ihr eigentliches Was zum Grunde liegen müsse, an welchem die Eigenschaften wie ein wechselnder Schein veränderlich haften könnten, ohne daß er selbst irgend etwas davon erlitte oder erführe. Aber diese Vorstellungsweise beruht offenbar nur auf einer Verwechselung unserer logischen Denkoperationen mit dem wahren Verhalten der durch diese in Beziehung gesetzten Dinge. Wir können durch unser Denken unzählige Verhältnisse der Vergleichung und Beziehung zwischen den Dingen stiften, ohne daß diese irgend etwas davon merken und leiden. Wir können auch Eigenschaften und Zustandsänderungen der Dinge für sich und getrennt von ihren Subjecten vorstellen. Der einfache Grund hiervon ist, daß unser Denken nicht in allen Zügen ein getreues Abbild dessen ist und sein soll, was in den Dingen wirklich vorgeht, daß nicht nothwendig jedem Denkacte ein realer Zug concreten Geschehens in den Dingen entsprechen muß. Unser Denken hat nur die Aufgabe, das wahre Wesen der Dinge metaphysisch richtig vorzustellen, und dazu bedarf es einer Menge Umwege, für welche es kein Analogon in dem wahren Verhalten der Dinge giebt. Ueber das wahre Verhalten der Dinge und ihrer Eigenschaften zu einander entscheidet nicht unser Denken, sondern das, was die Dinge selbst sind, und was in ihnen wirklich vorgeht, umgekehrt ist der Inhalt und die Richtung unseres Denkens nicht an das gebunden, was in den Dingen vorgeht. Daher kommt es, daß wir im Denken scheiden können, was in Wirklichkeit nicht geschieden werden kann: die Dinge von ihren Eigenschaften, die Wesen von den Erlebnissen und Erscheinungen, welche sie haben. Daher kommt es, daß wir im Denken vielfach in Beziehung bringen, was in Wirklichkeit beziehungslos zu einander ist, oder dessen Beziehungen wenigstens ganz anderer Art sind, als diejenigen, welche wir durch das Denken zwischen ihnen stiften.

Blos auf einer solchen Uebertreibung der sachlichen Bedeutung von Unterschieden, welche das Denken zwischen den Dingen und ihren

Eigenschaften macht, beruht jenes Vorurtheil, daß in den Dingen ein dunkler Kern von Sachlichkeit existire, der, selbst unveränderlich, doch als Anheftungspunkt für das wechselnde Spiel der Erscheinungen dienen könnte, welche wir ihm als seine Eigenschaften im Denken entgegensetzen. In Wahrheit sind die Eigenschaften nur als bestimmte Verhaltungsweisen der Wesen selbst zu denken, welchen wir sie beilegen, und Erscheinungen nur als Zustandsänderungen der Wesen, welchen sie zum Bewußtsein kommen. In Wahrheit können wir alle unsere Empfindungen, Gefühle, Strebungen, alle Thaten des Beziehens und Vorstellens, welche wir in uns wahrnehmen oder ausüben, nur als wechselnde Zustandsänderungen unseres ganzen und vollen Wesens betrachten, nicht als einen Schein, der an einem unerkennbaren und unveränderlichen substantiellen Kerne in uns unklar haftete; als einen Schein, der von einem Bewußtsein wahrgenommen würde, welches selbst wiederum nur Schein in einem unveränderlichen Realen wäre. Unsere Vorstellung vom Wechsel ist daher ein wirklicher Wechsel des Vorstellens, und wenn wir aufmerksam unser inneres Leben betrachten, welches der lebendige Grund ist, auf dem die ganze Vorstellung der Welt uns erwächst, so werden wir finden, daß alle Momente, aus denen sich dasselbe zusammensetzt, ohne Ausnahme wechselnde Zustandsänderungen eines lebendigen fürsichseienden Wesens sind, daß unser Leben nicht Schein in einem todten, beharrlichen Sein, sondern selbst Veränderung und Bewegung eines Realen ist, dessen Realität nur im lebendigen Fürsichsein besteht.

Aus diesen inneren Erlebnissen, als dem einzigen gegebenen Thatbestande, welcher unserer unmittelbaren Beobachtung zugänglich ist, schöpfen wir unsere metaphysischen Grundbegriffe des Wirklichen überhaupt. Wirklich ist nur, was für sich ist und wirkt, wirklich sind nur die lebendigen realen Wesen, und deren gegenseitige Beziehungen können nur in ihren Wechselwirkungen bestehen, in der Summe dessen, was ihnen veränderlich zustößt. In diesen Wechselwirkungen tritt die specifische Natur aller Wesen in die Erscheinung und erfüllt deren Leben mit den verschiedenartigsten Inhalten, Zielen und Strebungen. Aus dem unabsehbar reichen Spiel dieser Wechselwirkungen erblüht in allen Wesen das Bild einer sie umgebenden Außenwelt, in welcher sie selbst und alle anderen Wesen ihre Stelle finden, welche dann erst den eigentlichen Gegenstand des Nachdenkens und der Ueberlegung bildet. Das wirkliche Geschehen concentrirt sich daher nicht blos in der Thätigkeit des Vorstellens und beziehenden Denkens vorstellender Wesen blos phänomenaler Natur, während der wahre Kern dieser Wesen und aller Dinge unveränderliche Reale wären, deren abgestufte gegenseitige Bedingungsverhältnisse einen beharrlichen Bestand bildeten, dessen Bestimmung sich darin erschöpfte, Gegenstand des Vorstellens jener zu sein, sondern alle Wesen sind lebendige Wesen, deren Realität in ihrem lebendigen Fürsichsein besteht, deren Wirken und Leben durch ihre eigenen specifischen Lebensinteressen bestimmt wird. Der ganze Weltproceß ist Proceß, nicht ein ruhendes systematisches Ganzes, in welchem in Wahrheit Nichts geschähe, und dessen einziges Schicksal darin bestände, daß es von beobachtenden selbst nur phänomenalen Seelen veränderlich vorgestellt würde.

Daß Letzteres auch der thatsächlichen Wahrnehmung widersprechen würde, geht schon aus der einfachen Ueberlegung hervor, daß ein Geist, welcher einer völlig unbeweglichen, blos systematisch geordneten Welt gegenüberstände und welcher anch seine Stellung zu ihr nicht änderte, immer nur einen und denselben Theil der Welt um dessen Natur willen als Vergangenheit, immer einen und denselben anderen Theil als Zukunft betrachten müßte. Da jedoch, wie die Wahrnehmung lehrt, diese Vertheilung sich beständig ändert, da das Zukünftige durch Uebergang in Gegenwart sich aufklärt und dann durch Uebergang in Vergangenheit wieder verdunkelt, so ist dies ganz unmöglich zu denken, wenn nicht irgendwo in der Welt eine Succession wirklich stattfindet, wenn also nicht entweder der Inhalt der Wirklichkeit sich ändert, oder unsere Stellung zu ihr, oder beides zugleich.

Der Grund der entgegengesetzten Ansicht Kants beruht jedoch nicht allein auf jenem Vorurtheile der Beharrlichkeit des substantiellen Wesensgrundes aller Dinge, sondern zugleich auf dem Bestreben, durch die Voraussetzung jener Beharrlichkeit die Unsterblichkeit der Seele und die Einheit des Selbstbewußtseins tiefer zu begründen. Um dieses Motiv recht zu würdigen, muß man erwägen, daß der Glaube an die Einheit des Selbstbewußtseins und die Unsterblichkeit der Seele einen unerschütterlichen Angelpunkt des Kant'schen Denkens bildet. Dieser Glaube schien Kant durch die

Annahme gefährdet, daß das Ich selbst ein veränderliches Wesen sein solle. Im letzteren Sinne führt er die Beharrlichkeit des Realen selbst als eine nothwendige Bedingung auf, ohne welche der Wechsel des Vorstellens nicht zur Wahrnehmung gelangen, und die Anschauung der Zeit überhaupt nicht in uns entstehen könnte, da erst jene Beharrlichkeit uns in den Stand setze, „des Wechsels des Vorstellens und des Verfließens der Zeit inne zu werden, was wir nicht könnten, wenn unser Wesen mit jenem Wechsel und dem Verlaufe der Zeit selbst einer steten Umwandlung unterworfen wäre."

Dieses zwiefache Bestreben beruht jedoch, wie ich der weiteren Darstellung vorgreifend gleich hier bemerke, auf einem Mißverständnisse der wahren Natur und der Einheit des Selbstbewußtseins. Diese besteht nicht, wie Kant irrig behauptet, darin, daß die eine inhaltlose Vorstellung „Ich denke" alle einzelnen Acte des Bewußtseins begleitet, oder daß diese auch nur Acte ein und desselben Bewußtseins sind, sondern sie besteht allein darin, daß das Subject, das die Reihe der nach einander folgenden Bewußtseinsacte erlebt, zugleich die Fähigkeit hat, die früher erlebten Bewußtseinsacte in der Erinnerung festzuhalten und mit den gegenwärtigen Erlebnissen und den consequent daraus folgenden in die Einheit eines zusammenfassenden Bewußtseins zu verknüpfen, welches eben dadurch erst zu unserem Bewußtsein wird, daß wir alle in demselben verbundenen Zustände als unsere Zustände wissen und fühlen. Nur der letztere Umstand erklärt das ganz besondere Interesse, welches wir an Allem nehmen, was unser eigenes Wesen berührt. Nur weil es unser eigenes Leben ist, dessen wir in der Einheit unseres Selbstbewußtseins inne werden, nur weil die Natur unserer Interessen und die Bestimmung unseres Lebens die Unsterblichkeit als consequenten Abschluß fordern, nur deshalb entsteht in uns der Glaube und die Hoffnung der Unsterblichkeit. Diese geglaubte und erhoffte Unsterblichkeit ist aber nicht blos Identität ein und desselben Wesens, welches sich durch alle Schicksale hindurch in seinem substantiellen Kerne intact erhielte, sondern sie ist die Unsterblichkeit eines Wesens, welches sich während des Wechsels seiner Zustände doch stets als dasselbe fühlt und weiß, welches alle seine Zustände mit einander verknüpft und durch übergreifende bleibende Interessen deren innere Einheit herstellt; sie soll nicht blos Identität des Wesens, sondern Identität des Bewußtseins ein und desselben Wesens sein. Diese Forderung ist nicht durch das beharrliche Sein einer unveränderlichen Substanz, sondern nur durch das beziehende einheitliche Bewußtsein einer lebendigen, also des Wechsels innerer Zustände fähigen Wesens erfüllbar, und die Voraussetzung der Unveränderlichkeit unseres Wesens würde die Unsterblichkeit vielmehr ausschließen, anstatt sie zu verbürgen.

Erwägen wir ferner, daß durch das gegenseitige Aufeinanderbeziehen der erlebten Einzelmomente die Einheit des Selbstbewußtseins überhaupt erst perfect werden kann, und daß diese Thaten des Beziehens eben Veränderungen des beziehenden Wesens sind, welches sich in ihnen seiner Einheit bewußt wird, so ergiebt sich, daß die starre und bewegungslose Ruhe des unveränderlichen Seins niemals Veranlassung zur Entstehung des Selbstbewußtseins in einer beharrlichen Substanz werden könnte. Ein solches Wesen würde überhaupt keiner wechselnden Zustände fähig sein, und könnte dieselben auch nicht zur Einheit eines Selbstbewußtseins zusammenfassen.

Ebensowenig könnte in einem solchen beharrlichen Wesen die Anschauung der Zeit entstehen, oder gar, wie Kant behauptet, eben die Beharrlichkeit desselben der Grund sein, der es befähigte, sich des Wechsels der Erscheinungen in ihm bewußt zu werden (Kritik der reinen Vernunft. Edit. Kirchmann. S. 202). Sehen wir von der bereits erörterten Unmöglichkeit ab, daß in einem beharrlichen Wesen überhaupt der Schein eines Wechsels entstehen könnte, um uns nur überhaupt klar zu machen, wie solcher Schein dann Gegenstand der Wahrnehmung des Wesens werden könne, das ihn auf unbegreifliche Weise hat, wie also die Vorstellung des zeitlichen Verlaufs in ihm entstehen könne, so zeigt sich die völlige Unzulänglichkeit der Ansicht, daß die bloße Unveränderlichkeit eines Wesens zum Bewußtwerden eines solchen Wechsels ausreiche. Vorausgesetzt, ein beharrliches Wesen könnte Veränderungen seiner Eigenschaften erleben, ohne selbst dadurch berührt zu werden, so müßte doch das Wesen dann, wenn es sich des Wechsels dieser seiner veränderlichen Eigenschaften bewußt werden sollte, irgend etwas davon merken, was dieses Bewußtwerden in ihm anregen könnte. Es müßte nicht nur etwas davon merken, sondern in verschiedener Weise davon afficirt werden, es müßte sich ferner der Differenz dieser Zustandsänderungen, welche es dadurch erlitten hat, bewußt werden, und in diesem Bewußtwerden dann durch Vergleichung jener inneren Erlebnisse die Vorstellung des Geschehens gewinnen. Alle diese Handlungen kann aber ein beharrliches Wesen nicht verrichten, ohne zuvor den Character seiner Beharrlichkeit aufzugeben. Nicht seine Beharrlichkeit wäre dann der Grund gewesen, der es befähigt hätte, den Wechsel seiner Eigenschaften wahrzunehmen, sondern das Gefühl der Verschiedenheit der Zustandsänderungen, welche es bei deren Selbstbeobachtung erfahren hätte und deren es sich vermöge der Einheit seines Wesens bewußt geworden wäre. Die Vorstellung des Wechsels ist daher unmöglich ohne einen Wechsel im Vorstellen.

Aber der bloße Wechsel im Vorstellen genügt für sich allein noch nicht, um daraus die Vorstellung des Wechsels zu gewinnen.

Wenn wir nur dem Augenblicke lebten und keine Erinnerung an frühere Erlebnisse oder Erwartungen der zukünftigen in uns hegten, so würden alle einzelnen Bewußtseinsacte, in denen unser Leben alsdann verliefe, für unser Bewußtsein selbst zusammenhanglos auseinanderfallen. Der Wechsel unseres Vorstellens würde uns dann gar nicht zur Wahrnehmung kommen, es würde auch keine Einheit des Selbstbewußtseins die einzelnen Momente unseres Lebens verbinden, unser Leben würde nur eine zusammenhanglose Folge einzelner Erregungen, wir selbst würden in jedem Augenblicke ein Anderer sein. Wenn sich die Sache so verhielte, so würden wir keinen Begriff der Veränderung und des Geschehens fassen können, wir wären dann gar nicht in der Lage, den Moment der Gegenwart, der unser ganzes Bewußtsein ausfüllte, mit irgend welchen anderen Ereignissen, die geschehen wären oder geschehen könnten, in Beziehung zu setzen, es könnte eben deshalb auch keine Anschauung des zeitlichen Verlaufs in uns entstehen.

Es muß also noch ein anderes Moment hinzutreten, um den Wechsel des Vorstellens, welchen wir in uns erleben, uns selbst zum Bewußtsein zu bringen, um die Vorstellung des Wechsels unserer inneren Zustände, um den Begriff des *Werdens* und der *Veränderung* in uns zu erzeugen. *Dieses weitere Erforderniß besteht darin, daß wir uns nicht nur der früher erlebten Zustandsänderungen erinnern, sondern daß wir sie zugleich mit den gegenwärtig erlebten und in der Zukunft erwarteten in Beziehung setzen und alle miteinander als unsere*

Erlebnisse in der Einheit ein und desselben Bewußtseins zusammenfassen. Die Summe der Einzelmomente dieses zweiten Erfordernisses bildet den specifischen Grundcharacter unserer persönlichen Existenz, und die obigen Erwägungen führen zu der Einsicht, daß nur in einem seiner selbst bewußten Wesen der Begriff des Werdens und der Veränderung entstehen könne.

Werden und Veränderung ist das Erste, was sich unserem Bewußtsein in seiner Thatsächlichkeit aufdrängt. Es ist ebendeßhalb mehr als bloßer Begriff, es ist Thatsache, welche wir wirklich erleben. Der Inhalt dieses ursprünglichen Erlebnisses wird nun vermittelst einer a priori in und mit unserer Naturanlage gegebenen Anschauung in seiner Thatsächlichkeit unmittelbar von uns vorgestellt, und bildet hier die Grundlage aller unserer Begriffe über das Wirkliche und die lebendige Basis unserer ganzen Weltanschauung.

Diese a priori gegebene Anschauung, welche den Uebergang des Wirklichen in unsere Vorstellungswelt vermittelt und diese mit lebendigem Inhalt erfüllt, ist die Anschauung des zeitlichen Verlaufs.

In der Anschauung des zeitlichen Verlaufs ist ein wirkliches Moment mit zwei unwirklichen verbunden, das gegenwärtig Erlebte mit der Erinnerung an das früher Erlebte und der Erwartung des Künftigen. Letztere beide sind, obgleich sie nichts Wirkliches, sondern nur Vorgestelltes sind, doch von einander und von dem Wirklichen der Gegenwart auf characteristische Art unterschieden. Alle drei sind in der Anschauung des zeitlichen Verlaufs zu einem Ganzen verbunden, welches den Reflex des Geschehens in unserer Vorstellungswelt darstellt.

Wir richten unser Augenmerk zunächst auf die Art der Verbindung jener drei Momente des Gegenwärtigen, Vergangenen und Zukünftigen zu dem Ganzen der Anschauung des zeitlichen Verlaufs, denn in dieser Art der Verbindung ist das characteristische Wesen dieser Anschauung enthalten. Dieselbe ist, ähnlich wie die Verbindung des Mannigfaltigen in der räumlichen Anschauung, durch ein inhaltliches und ein formales Beziehungselement charakterisirt.

Das inhaltliche Element ist, ähnlich wie die Anschauung des Nebeneinander, eine eigenthümliche Reactionsweise unserer Natur, welche darin besteht, daß wir die unser Bewußtsein erfüllenden und zur Reaction anregenden

Vorstellungen der den Moment der Gegenwart bewirkenden und der consequent daraus folgenden Ereignisse in der Anschauung des vor und nach auseinanderrücken, auf characteristische Art von einander und von dem Momente der Gegenwart unterscheiden und zugleich durch die Setzung dieser Unterschiede und das Innewerden ihrer Zusammengehörigkeit eine neue eigenartige Verbindung zwischen ihnen stiften, welche eben das ist, was ich das inhaltliche Element der zeitlichen Anschauung nenne. Diese Reactionsweise unserer Natur ist ursprünglich und angeboren, und ihrer Entstehung und Natur nach ebenso wenig noch weiter durch Umschreibungen, durch Rubricirung unter einfachere Begriffe oder durch sonstige Ueberlegungen zu erläutern und aufzuklären als die räumliche Anschauung des Nebeneinander, als die einfachen sinnlichen Empfindungen, Gefühle und Strebungen, welche wir in uns vorfinden. Sie ist, wie diese, etwas thatsächlich Gegebenes, und man kann sie deshalb, wenn man ihren Begriff präcisiren will, nur zu gesondertem Bewußtsein hervorheben und an das erinnern, was wir in uns erleben, indem wir sie ausüben. Wer sie nicht als Mitgift seiner Natur in sich trüge, dem wäre ihr Wesen ebenso wenig begreiflich zu machen, wie dem Blindgeborenen das Wesen der Lichtempfindung. Man könnte diese eigenthümliche Reactionsweise auch als Reactionsform bezeichnen, da sie, wie alle Inhalte, auch in besonderer Form sich darstellt, aber das inhaltliche Element in ihr ist überwiegend und bedingt die characteristische Eigenartigkeit dieser Aeußerungsweise unserer Natur. Auch in den sinnlichen Empfindungen tritt das, was wir in ihnen empfinden, das Roth und Grün, das Sauer und Süß, zugleich in bestimmter Form auf, die mit dem Inhalte in Eins verwachsen und von ihm nicht zu trennen ist. Ganz ähnlich wie in all diesen ursprünglichen Aeußerungsweisen unserer Natur sind Inhalt und Form auch in den Anschauungen des Nebeneinander und des Vor und Nach untrennbar mit einander verknüpft. Man kann sich das wahre Wesen der letzteren nicht besser als durch die Erinnerung an den Parallelismus der erwähnten sinnlichen Empfindungen verdeutlichen, weil diese sich dem Bewußtsein noch in ihrer ursprünglichen Reinheit darbieten, während die Anschauungen des Nebeneinander und des Vor und Nach im practischen Verlaufe der Vorstellungsthätigkeit niemals in solcher ursprünglichen Reinheit offenbar werden, sondern stets mit vielfältigem concretem Inhalte erfüllt und bereits zu fertigen Bildern und Gestalten mannigfacher Art verarbeitet sind, von denen sie erst durch Abstraction wieder abgetrennt werden müssen, wenn man sie in ihrem reinen An sich zum Bewußtsein bringen will. Auch die Anschauungen des Nebeneinander und des Vor und Nach sind, wie jene Empfindungen, schöpferische Thaten unseres eigenen Ich, welche in unserer aprioristischen Naturanlage begründet sind, welche, nebst jenen und allen ursprünglichen Aeußerungsweisen unseres Wesens, das thatsächliche Material unserer gesammten Weltanschauung liefern. Dieses Material ist nicht formlos, sondern schon behauenen und zugerichteten Bausteinen vergleichbar, welche nur durch die thätige Intelligenz des aufbauenden Verstandes verbunden zu werden brauchen, um ein geordnetes Ganze zu bilden.

Unter dem formalen Beziehungselemente, welches die Momente der Gegenwart, Vergangenheit und Zukunft in characteristischer Weise zu dem Ganzen der Anschauung des zeitlichen Verlaufs verbindet, verstehe ich nicht die zuletzt erörterte Form des Vor und Nach, welche von dem Inhalte dieser Anschauung unabtrennlich ist, sondern ich verstehe darunter die Zusammengehörigkeit aller Einzelbeispiele des zeitlichen Ablaufs, die Gesetzlichkeit ihrer gegenseitigen Verbindung, welche bewirkt, daß alle Momente des Geschehens sich zu der Gesammtbewegung des Weltprocesses zusammengliedern. Wie alle räumlichen Beziehungen nicht wie bloße Einzelbeispiele eines Allgemeinbegriffs zusammenhanglos unter einander dastehen, sondern sich zu der Totalanschauung des Raumes zusammenschließen, in welcher jedem Dinge seine Stelle zugewiesen ist, so steht auch der zeitliche Verlauf aller Ereignisse in einem solchen inneren Zusammenhange, daß alle, wenn wir in der Vorstellung von einem zum anderen fortschreiten, sich zu dem Ganzen eines einheitlichen in sich zusammenhängenden Processes zusammengliedern, als dessen Phasen alle Acte des Geschehens erscheinen, in dessen Bedingungsordnung jedem Ereignisse vor oder nach allen übrigen seine bestimmte Stelle zugewiesen ist.

Der tiefere Grund dieser inneren Zusammengehörigkeit aller wirklichen oder auch nur denkbaren Momente des zeitlichen Ablaufs besteht in der Allgemeinheit und Nothwendigkeit des Causalgesetzes. Wie alle Momente des wirklichen Geschehens, alle wirklich geschehenden Ereignisse, in einem alle umfassenden, gesetzlich geregelten inneren Bedingungszusammenhange stehen, dessen Ordnung und Rhythmus in allen Phasen durch das einheitliche Ziel des Weltprocesses bestimmt ist, so müssen alle Momente des Wiederscheins des wirklichen Geschehens in der Vorstellungswelt aller Wesen, alle Momente des zeitlichen Ablaufs in der Anschauung aller Wesen, in einem ebenso ausnahmslosen Verhältnisse gegenseitiger Abhängigkeit und innerer Zusammengehörigkeit stehen, so muß auch die Vorstellung alles Geschehens in allen Wesen sich zu der Gesammtanschauung eines einheitlichen Weltprocesses zusammengliedern. So ist es in der That, und es kann nicht anders sein. Wie wir keinen Act des Geschehens außerhalb des allgemeinen Bedingungszusammenhanges aller Ereignisse vorstellen können, so können wir auch keinen Moment des zeitlichen Verlaufs anders als in bestimmten Verhältnissen des Vor und Nach zu allen übrigen Momenten des zeitlichen Verlaufs vorstellen. Erwägen wir nun, daß die Thatsächlichkeit des letzteren Umstandes, das formale Beziehungselement in der Anschauung des zeitlichen Verlaufs, in einer ursprünglichen Einrichtung unserer Naturanlage begründet ist, und daß wir selbst ein Theil des Ganzen sind, so finden wir in dieser aprioristischen Naturanlage eine neue Bestätigung der Geltung des Causalgesetzes. Die Anschauung des zeitlichen Verlaufs ist zugleich eine Anschauung des gesetzlichen Zusammenhanges, durch welchen alle wirklichen Acte des Geschehens mit einander zu dem Ganzen des einen Weltprocesses verbunden sind.

Wir haben bisher noch nicht von der Zeit, sondern immer nur von dem zeitlichen Verlaufe der Ereignisse gesprochen. In der That ist der zeitliche Verlauf der Ereignisse das Erste, was in unsere Wahrnehmung fällt. Aus der Combination solcher Wahrnehmungen bildet sich dann erst in mehr oder weniger vollständiger Weise eine Totalanschauung der Zeit, aus welcher sich dann wiederum durch eine Reihe entschuldbarer und tiefeingewurzelter Irrthümer die Ansicht von dem Vorhandensein einer leeren Zeit entwickelt.

Abstrahiren wir nämlich von den specifischen Inhalten der wirklichen und vorgestellten Ereignisse, durch welche der Rhythmus und die Geschwindigkeit ihres Verlaufs, wie die Zeitfolgen ihres Eintritts bedingt werden, so bleibt nur das leere Bild ihrer gegenseitigen Bedingtheit in unserer Vorstellung zurück, und indem wir die Anschauung des zeitlichen Verlaufs auf alle ihres Inhalts beraubte Beziehungspunkte jenes leeren Bildes ausgedehnt denken, welche wir beliebig bis in's Unendliche vervielfältigt denken können, so entsteht in uns die Totalanschauung der Zeit. Diese ist nicht, wie Kant irrig voraussetzt, in ihrer fertigen Gestalt ein ursprünglicher aprioristischer Besitz des Geistes. Sie bildet sich vielmehr erst auf die angegebene Weise durch Abstraction und Combination aus den zuerst zur Wahrnehmung kommenden einzelnen concreten Acten des Geschehens. Es ist nützlich für die Beantwortung beider vorangestellter Fragen, dies wohl zu beachten, da der Glaube an das Vorhandensein einer leeren Zeit der Hauptquell ist, dem die zahlreichen Irrthümer entspringen, welche jene Fragen verwirren, und da die Bedeutnng der Zeitanschauung, ähnlich wie beim Raume, erst aus deren Elementen, aus der gesonderten Betrachtung der Anschauung des zeitlichen Verlaufs der einzelnen Ereignisse, richtig verstanden werden kann.

Da nämlich die Zeitanschauung alles wirkliche, oder auch nur denkbare Geschehen umfaßt, so bildete sich ganz allgemein die Vorstellung aus, die angeschaute Zeit sei eine Realität für sich, es gäbe eine leere Zeit, und diese sei das Erste und Ursprüngliche, sie sei eine nothwendige Bedingung alles Geschehens, welche in ähnlicher Weise vor allem Geschehen erfüllt sein müsse, wie wir auch die Gesetze, welche alles Geschehen regeln, in unvordenklicher Wirklichkeit diesem selbst vorangehend zu denken pflegen. Der Irrthum dieser Auffassung wird durch eine weitverbreitete Gewohnheit unseres Denkens unterstützt, welche uns veranlaßt, die Allgemeinbegriffe, in welche wir gewisse gemeinsame Eigenschaften, oder ein gemeinsames Verhalten, welches sich in vielen Einzelbeispielen vorfindet, zunächst zum Zwecke unserer Uebersicht und Orientirung zusammenfassen und als Dinge oder Eigenschaften separat vorzustellen. Diese separate Behandlung solcher Allgemeinbegriffe führt dann weiter zu der Uebertreibung, sie als selbständige Realitäten dem Wirklichen voranzudenken, oder sie als reale Bedingungen des Wirklichen aufzufassen. Gerade so entsteht die Ansicht von der Realität der Zeit. Auch die Anschauung der Zeit wird zunächst aus der Wahrnehmung der concreteu Arten des Geschehens abstrahirt und für sich zum Gegenstande des Nachdenkens gemacht. Auch hier bildet sich die falsche Meinung, daß das, was aus der Beobachtung des Wirklichen zuerst abstrahirt ist, die

Totalanschauung der Zeit, dem Wirklichen nun auch wirklich als eine nothwendige Bedingung seiner selbst vorangehen müsse. Dies ist um so erklärlicher, als die Zeitanschauung in uns nicht durch bewußte Abstraction, sondern unter den stillwirkenden erziehenden Einflüssen der Bedürfnisse des practischen Lebens ganz allmählig entsteht, indem diese uns durch unzählige Veranlassungen nöthigen, den Ablauf aller Ereignisse zu combiniren, zu vergleichen, und die Resultate dieser Vergleichung zum Zwecke des practischen Gebrauchs zu verwerthen. Durch diese beständigen Vergleichungen, durch die vielfachen Abmessungen der Dauer aller unser Leben berührenden Ereignisse wird die Zeitanschauung aufs Innigste mit all unserem Denken, Thun und Treiben verflochten, und erlangt dadurch das solide Ansehen einer plastischen Realität, deren Bild in uns längst fertig vorhanden ist, bevor wir die nöthige Geistesbildung erlangt haben, über dessen Entstehung nachzudenken. So gehört die Ansicht von der Realität der Zeit zu den tief eingewurzelten Vorurtheilen, die unsere Weltansicht verfälschen, und ähnlich wie die Voraussetzung der Realität des Raums die gewöhnliche Auffassung des Lebens und der Dinge in umfassendem Maaße beherrschen.

Es ist das unsterbliche Verdienst Kant's, hier durch Hinweisung auf die subjective Entstehung der Zeitanschauung der richtigen Auffassung des wahren Sachverhalts zuerst Bahn gebrochen zu haben. Aber, ich wiederhole es, diese richtige Auffassung wird erst vollständig erreicht, wenn wir auf die Elemente der Zeitanschauung recurriren, weil nur die gesonderte Betrachtung dieser uns den Sinn und die Bedeutung dessen erkennen läßt, was wir in der Zeit anschauen. Diesen Weg der Untersuchung hatte sich Kant dadurch verbaut, daß er die Totalanschauung der Zeit schon in ihrer fertigen Gestalt als aprioristischen Besitz des Geistes annahm, indem er die Anschauung der Zeit im Ganzen, gleich der des Raumes, als eine ursprüngliche Form des Vorstellens betrachtete.

In der That haben wir, wie Lotze zuerst sehr scharfsinnig erörtert hat (Metaphysik S. 268 sq.) gar keine ursprüngliche und eigenthümliche Anschauung von der Zeit, die der des Raumes ebenbürtig wäre, und mit dieser „ein zusammengehöriges Paar ursprünglicher Formen unseres Vorstellens" bildete. Wir suchen vielmehr den intuitiven Character unserer Zeitvorstellung nur durch Bilder zu gewinnen, die wir dem Raume entlehnen, die jedoch, wenn wir sie weiter verfolgen, sich unfähig erweisen, das auszudrücken, was wir darunter eigentlich verstehen. „Wir sprechen von einer Zeitlinie; aber wie viel wir auch glauben mögen, von der Eigenthümlichkeit einer Raumlinie abstrahiren zu dürfen, damit dem allgemeineren Begriff der Linie auch die Zeit subsumirbar werde: gewiß gehört doch zu dem Begriff der Linie die Vorstellung gleichartiger Wirklichkeit aller ihrer Elemente; und dieser Forderung entspricht die Zeit nicht. Als Linie gedacht würde sie nur einen reellen Punkt besitzen, die Gegenwart; von ihm gingen zwei unendliche aber imaginäre Arme aus, beide von einander und von dem einfachen Nichtsein eigenthümlich unterschieden: Vergangenheit und Zukunft; ihren Unterschied voll auszudrücken wird der Gegensatz räumlicher Richtungen nicht zureichen. Und ohnehin sind wir ja genöthigt weiter zu gehen; sehen wir noch ab von dem Verhältnisse, in welchem die leere Zeit zu den Begebenheiten stehen soll, die in sie fallen, so kann sie ja selbst nicht als ruhend gedacht werden; auch der einzige reelle Punkt der Gegenwart ist veränderlich und reiht sich unaufhörlich den imaginären der Vergangenheit an, wiederersetzt durch die Realisation des nächsten Punktes der Zukunft. So entsteht die uns übliche Vorstellung vom Flusse der Zeit; was an ihr anschaulich ist, stammt aus den Erinnerungen an den Raum und führt nur zu Widersprüchen. Von dem Flusse können wir nicht reden, ohne ein Flußbett mitzudenken, und in der That schwebt uns überall das Bild einer nicht weiter definirbaren Ebene vor, durch welche dieser Strom zieht; in den einen Punkt pflegen wir uns selbst zu stellen und nennen ihn Gegenwart; von der einen Seite lassen wir aus der Ferne die Zukunft kommen und in die Vergangenheit abfließen, oder auch, damit die Zweideutigkeit dieser Verbildlichung recht offenbar werde, wir denken umgekehrt den Strom aus der Vergangenheit kommend und sich endlos in die Zukunft fortsetzend. In beiden Fällen widerspricht das Bild dem Gedanken; denn dieser unaufhörliche Strom ist und bleibt von gleicher Wirklichkeit, mag er schon auf der Seite der Zukunft oder noch auf der der Vergangenheit fließen, und von derselben Wirklichkeit ist er im Augenblicke seines Vorübergangs durch die Gegenwart. Und nicht dies allein stört uns; auch die Bewegung des Strömens ist nicht anschaulich ohne eine bestimmte Geschwindigkeit, die uns zur Voraussetzung einer zweiten Zeit nöthigen würde, in welcher die erste durch größere oder geringere Strecken jenes unbegreiflichen Hintergrundes fortschritte“.

Ebensowenig läßt sich die Anschauung der Zeit unter den noch abstracteren Begriff einer Reihe bringen, denn dieselbe besteht nicht in einer bloßen Ordnung ihrer Momente, sondern darin, daß diese Ordnung wirklich durchlaufen wird. Auch als wirklicher Vorgang kann sie nicht gedacht werden, da wir uns keinen Vorgang als geschehend denken können, in dem Nichts vorginge, dessen Fortgang sich nicht vom Anfang, dessen Erfolg sich nicht von der ihn bewirkenden Bedingung unterschiede. So aber würde sich die leere Zeit verhalten. „Jeder Moment in ihr wäre dem anderen völlig gleich; indem der eine verginge, träte der andere an seine Stelle, der von ihm in Nichts als durch seinen Ort in der Reihe verschieden wäre; diesen Ort aber zeigte nicht er selbst durch seine besondere Natur an, die ihn abhielte, an einem anderen zu sein, sondern nur das vergleichende Bewußtsein eines Beobachters, der die ganze Reihe abzählte, hätte Veranlassung, ihn durch seine Stellenzahl von anderen zu unterscheiden. So würde in der Zeit selbst kein Fluß sein der Neues an die Stelle des Alten brächte". (l. c. S. 271.)

Erwägen wir dies Alles, so beantwortet sich die erste der beiden im Beginn dieses Kapitels aufgeworfenen Fragen von selbst. Es ist offenbar: die Zeit kann auf keine Weise als Realität für sich, sie kann nur, wie Kant auch hier richtig lehrte, als Anschauung oder Gedanke in der Vorstellung lebendiger Wesen wirklich sein.

Aber Kant lehrte nicht blos dies, sondern behauptete zugleich, die Zeit sei nur eine subjective Form der sinnlichen Anschauung, der gar keine objective Bedeutung zukomme. Diese weitergehende Behauptung ist keine nothwendige Folge des obigen Satzes und stellt sich als ganz unbegründet dar, wenn wir uns die Art der Entstehung der Zeitanschauung und die Bedeutung der elementaren Vorgänge vergegenwärtigen, aus denen dieselbe erwachsen ist. Die Zeitanschauung entstand, wie wir soeben gesehen haben, durch Abstraction von den einzelnen unmittelbar zur Wahrnehmung gelangten oder vorgestellten Arten des Geschehens. Diese erscheinen uns unter dem Bilde des zeitlichen Ablaufs, aber dieses Bild steht in einem ganz anderen Verhältnisse zu dem wirklichen Vorgange, welcher in ihm erscheint, als das Bild der räumlichen Entfernung zweier Dinge zu den wahren intelligiblen Beziehungen dieser zu einander, welche in der räumlichen Entfernung ihren vorstellungsmäßigen Ausdruck finden.

Die räumlichen Verhältnisse sind gewissermaaßen nur graphische Darstellungen der wahren intelligiblen Beziehungen, welche wirklich zwischen den Dingen obwalten und an sich ganz incommensurabel durch jene sind. Wir haben gesehen, daß die wirklichen Beziehungen der Dinge nur in Wirkungen bestehen können, welche diese auf einander ausüben, und welche in Wahrheit nur intensive Zustandsänderungen in den auf einander wirkenden Wesen sind, während die räumlichen Verhältnisse als Entfernungen zwischen den Vorstellungen jener Wesen erscheinen. Es ist hier gar keine Aehnlichkeit oder Analogie zwischen den wirklichen Beziehungen und dem räumlichen Bilde, unter welchem sie sich darstellen. Ganz anders verhält sich's mit den wirklichen Vorgängen des Werdens und dem Bilde des zeitlichen Ablaufs, unter welchem dieselben sich uns darstellen. Hier ist das Bild des zeitlichen Verlaufs eine unmittelbare Selbsterscheinung der wirklich geschehenden Vorgänge, welches sich seinem Inhalte und seiner Form nach in allen Zügen dem wirklichen Geschehen anschließt, und dieses seinem wahren Wesen nach getreulich zum Ausdruck bringt. Der zeitliche Verlauf ist selbst ein Moment der Wirklichkeit, das sich der Vorstellung in derselben Form darstellt.

Alle Momente des Werdens, welche sich im zeitlichen Verlauf wiederspiegeln, finden in diesem ihren zutreffenden Ausdruck, und umgekehrt können wir aus den characteristischen Momenten des zeitlichen Verlaufs die thatsächlichen Momente des Werdens wiedererkennen, welche ihnen entsprechen und sich in ihnen darstellen. Freilich ist das Werden ein ungetheilter Vorgang, der sich in Wirklichkeit nicht weiter zergliedern läßt, aber wir können doch im Denken die erzeugenden Ursachen von den Folgen trennen, wir können diese Momente des Werdens gesondert vorstellen und die Stufenfolge des Werdens in der Vorstellung denkend reconstruiren, welche wir im zeitlichen Verlauf anschauen. Obgleich das Werden daher ein ungetheilter Vorgang ist, so unterscheiden wir in ihm doch den Moment der Gegenwart, welcher von dem Subjecte, in dem das Werden stattfindet, unmittelbar erlebt wird, von den diesen Moment verursachenden Zuständen, welche gewesen und nicht mehr wirklich, sondern nur in ihren Folgen im Momente der Gegenwart noch erhalten sind. Wir unterscheiden vom Momente der Gegenwart auch die Folgen, welche wir consequentermaaßen daraus erwarten. Die vorangegangenen und die den gegenwärtigen Erlebnissen nachfolgenden Ereignisse, zu denen die gegenwärtigen fortschreiten, gliedern sich daher in Wahrheit ganz nach denselben Verhältnissen, in denen sie im zeitlichen Verlaufe sich darstellen. Der zeitliche Verlauf ist der reale Wiederschein, und nicht ein bloßes Bild, des wirklichen Geschehens und darin liegt seine reale Bedeutung, obgleich er selbst ein ideales Moment unserer Vorstellungswelt ist.

Dieses Verhältniß des Werdens zu dem zeitlichen Verlauf, in dem sich dasselbe darstellt, gelangt uns erst zu voller Klarheit, wenn wir unseren Blick auf die inneren Erlebnisse richten, in denen uns unser eigenes Wesen unmittelbar zur Anschauung kommt. Beide Glieder des Verhältnisses sind hier Gegenstand unserer unmittelbaren Wahrnehmung. Wir erleben einerseits unmittelbar, was Werden und Geschehen an sich ist und bedeutet, wie einem wirkenden Wesen im Momente des Wirkens selbst zu Muthe ist. All unser Empfinden, Fühlen, Wollen und Denken liefert uns unzählige Beispiele der Vorgänge des Werdens, welche wir selbst in uns erleben. Aber wir erleben sie nicht nur, sondern stellen sie andererseits auch in der Erinnerung vor und haben an diesen Erinnerungen ebenso viele Vorstellungen der erlebten Vorgänge, die uns unter demselben Bilde des zeitlichen Verlaufs erscheinen, wie die Wirkungen der anderen vorgestellten Wesen, welche wir nur vorstellen, aber nicht selbst erleben können. Die eigenen unmittelbaren Lebenserfahrungen liefern uns daher den Schlüssel des Verständnisses aller übrigen Vorgänge des Wirkens in allen übrigen Wesen. Nicht anders als wir es selbst erleben, können wir das Werden und Wirken überhaupt vorstellen, und wir haben an jenen Lebenserfahrungen eine thatsächliche Basis für die Gestaltung unserer ganzen Weltanschauung. Die innere Selbstbeobachtung klärt uns insbesondere, indem sie uns beide Glieder des Verhältnisses zwischen dem wirklichen Geschehen und der Vorstellung dessen zeitlichen Verlaufs unmittelbar erkennen läßt, darüber auf, daß der zeitliche Verlauf aller Ereignisse nicht blos eine Form unserer Anschauung, sondern eine Form des wirklichen Geschehens ist, welche in unserer Vorstellung wiedererscheint.

Dieses Alles gilt, wohlgemerkt, nur von dem zeitlichen Verlaufe der wirklich geschehenden Ereignisse, von den Elementen der Zeitanschauung, nicht von der Anschauung der Zeit im Ganzen, von der Anschauung der leeren Zeit. „Erst und allein ist das volle lebendige Wirken selbst; dann aber, wenn wir seine Thaten vergleichen, können wir denkend und abstrahirend den beständigen modus agendi für sich vorstellen, der in allen seinen Aeußerungen sich gleich geblieben ist; nun können wir rückwärts jedes einzelne seiner Erzeugnisse dieser Verfahrungsweise wie einem gebietenden Prius unterordnen und es durch Bedingungen bestimmt fassen, die in Wahrheit nur die allgemeine Gewohnheit dieses Wirkens selbst sind. Diese abstrahirende Vergleichung führt uns nach einer Richtung hin zu der Vorstellung allgemeiner Gesetze der Natur, die zuerst gelten und zu denen dann eine Welt komme, die sich ihnen unterwerfe; sie führt nach anderer Richtung zu der Voraussetzung einer leeren Zeit, in welcher die Reihe der Ereignisse succedire, und die als voraufgehende conditio sine qua non das Wirken möglich mache. Aber diese letzte Vorstellungsweise haben wir ebenso unhaltbar gefunden, wie der Versuch sein würde, Geschwindigkeiten gewissermaßen zur Auswahl vor den Bewegungen vorhergehen zu lassen und der gewöhnlichen Redensart eine sachliche Bedeutung zuzutrauen, nach welcher allerdings die Bewegung eines Körpers bald diese bald jene Geschwindigkeit annimmt; sie ist vielmehr Nichts anderes als die nach bestimmter Richtung gehende Geschwindigkeit selbst. In diesem Sinne können wir die oft gehörten Ausdrücke richtiger finden, nach denen nicht die Zeit die Bedingung des Wirkens ist, sondern das Wirken die Zeit erzeugt; nur bringt es, indem es verläuft, nicht als ein bleibendes Product, das irgendwie wäre oder flösse oder die Dinge beeinflusse, eine wirkliche reale Zeit, sondern nur in dem vergleichenden Bewußtsein die sogenannte Anschauung dieser Zeit hervor; von dieser, dem leeren Totalbilde der Ordnung, in welche wir die Ereignisse reihen, gilt es also, daß sie nur eine subjective Auffassungsform, von der Succession des Wirkens selbst, welches diese Einreihung möglich macht, gilt umgekehrt, daß sie die eigenste Natur des Wirklichen ist." (l. c. S. 300.)

Nun ist auch klar, wie es kommt, daß alle Ereignisse, die geschehen, in bestimmter Reihenfolge und Ordnung geschehen; es ist nun klar, was das Sein der Dinge und das Geschehen der Ereignisse in der Zeit bedeuten. Da die Succession des Wirkens selbst durch den allgemeinen Causalzusammenhang bestimmt ist, welcher die innere Bedingungsordnung des Wirklichen bedeutet, so muß auch der phänomenale Wiederschein jener Succession in der Zeit, dem Totalbilde jener Ordnung, in gleicher Weise durch die Gründe geregelt sein, welche der gedankenmäßige Ausdruck der die Ereignisse selbst bewirkenden Ursachen sind. Der Eintritt jedes Ereignisses erscheint daher durch die Gründe bestimmt, welche dasselbe bedingen, und alle Ereignisse treten in bestimmter Reihenfolge nach einander auf, weil der Eintritt aller durch den allgemeinen Causalzusammenhang bestimmt ist, welcher alles Geschehen ohne Ausnahme umfaßt. Das Geschehen der Ereignisse in der Zeit bedeutet daher, daß alle Ereignisse durch den allgemeinen Causalzusammenhang bestimmt sind, welcher uns in der Zeit, als dem Totalbilde dieser inneren Bedingungsordnung des Wirklichen, wiedererscheint. Wie in der Welt, mit welcher wir selbst durch den allgemeinen Causalzusammenhang verbunden sind, nichts wirklich geschehen kann, dessen Ursachen nicht durch jenen Zusammenhang aller Dinge und das wirkliche Geschehen in ihnen bestimmt wären, so können wir auch kein Ereigniß als außerhalb der Zeit geschehend vorstellen, da auch unser Denken durch das Causalgesetz bestimmt ist, dessen Totalbild in seiner Anwendung auf alle denkbaren Fälle wir in der Zeit anschauen.

Da ferner das Wirken selbst in allen den Bestand der Welt constituirenden Wesen das Erste und Ursprüngliche ist, was wirklich geschieht, und was von den einzelnen Wesen, je nachdem dieselben davon mehr oder weniger berührt werden, in der Zeitfolge percipirt wird, welche seiner wirklichen Succession entspricht, so müssen auch die Auffassungsweisen jenes thatsächlichen Wirkens in den verschiedenen dasselbe vorstellenden Wesen zusammenstimmen, und es muß deren relative Ordnung in der Auffassung aller Wesen der wirklichen Succession des ursprünglichen Geschehens entsprechen. Dies ist der Grund davon, daß die Zeitfolge aller wahrgenommenen und vorgestellten Ereignisse in den Weltbildern der einzelnen vorstellenden Wesen in einem inneren sachlichen Zusammenhange steht, der durch den Zusammenhang ihres Wirkens auf einander bestimmt ist, daß eine Verständigung aller über den Eintritt bestimmter Ereignisse möglich ist, daß alle Ereignisse von allen Wesen, denen sie überhaupt zur Wahrnehmung kommen, als zu derselben Zeit geschehend vorgestellt werden. Deshalb können auch durch ausdrückliche oder stillschweigende Convention allgemeingültige und allgemein anerkannte **Maßbestimmungen** des Zeitablaufs der Ereignisse festgesetzt werden, indem der Rhythmus gewisser, von allen wahrgenommener, regelmäßig wiederkehrender Ereignisse, wie sie sich z. B. in der Bewegung der Himmelskörper darbieten, als Maßeinheit angenommen wird. Die Succession der leeren Zeit ist freilich maßlos, weil die leere Zeit eine bloße Abstraction ist, weil in ihr nichts geschieht. Was wirklich geschieht, sind die concreten Ereignisse des Weltlaufs, und da diese in einem ausnahmslosen gesetzlichen Zusammenhange des Wirkens stehen, so unterliegen sie auch ohne Ausnahme der Vergleichung durch Maßbestimmungen, deren Einheit durch den Rhythmus solcher regelmäßig wiederkehrender Ereignisse bestimmt ist, deren Regelmäßigkeit durch die inhaltlichen Beziehungen des Wirklichen und dessen innere Bedingungsordnung verbürgt wird. Alle diese Maßbestimmungen haben selbstverständlich nur eine relative Geltung, aber diese Geltung reicht wegen der durch den allgemeinen Causalzusammenhang verbürgten Relativität alles Geschehens für den practischen Gebrauch vollkommen aus, um eine allgemeine Verständigung über die Zeitbestimmung aller Ereignisse herbeizuführen, denn nur darauf kommt es an, die relativen Zeitverhältnisse aller Ereignisse von practischer Bedeutung festzustellen.

Ist daher auch die Zeit im **Ganzen** nur eine subjective Auffassungsform, welche die Succession des Wirkens selbst in den lebendigen Wesen hervorbringt, so ist doch **der zeitliche Verlauf der wirklich geschehenden Ereignisse** der phänomenale Ausdruck des Wirkens selbst und in dessen eigenster Natur begründet. Die Erkenntniß dieses Sachverhalts, welche den Schlüssel zum Verständniß der wahren Bedeutung der Zeit darbot, hatte Kant sich durch das Vorurtheil von der Beharrlichkeit der Substanz verbaut. Dieses Vorurtheil verdeckte ihm hier den Kern der Sache. **Die große Thatsache der Veränderung** wurde dadurch aus der objectiven Welt der Dinge ausgeschlossen, die Welt selbst erschien nun blos als ein ruhendes systematisches Ganzes, in welchem es selbst keine Veränderung geben konnte. Nur ein Schein der Veränderung blieb für diese Auffassung noch in der Seele des Beobachters zurück, dem jedoch in der Welt der Dinge nichts mehr entsprechen konnte. Wir haben zu Anfang dieses Kapitels gesehen, daß auch ein solcher Schein der Veränderung nicht in einer unveränderlichen Substanz entstehen

10*

könnte, daß vielmehr alle Realität nur im Fürsichsein lebendiger Wesen bestehen kann, und daß das „An sich“ unseres eigenen Wesens sich in allen bewußten Regungen unserer inneren Wahrnehmung unmittelbar selbst offenbart. Die Voraussetzung dieser Selbstoffenbarung des Wirklichen in uns war die Anschauung des zeitlichen Verlaufs, welche auf der Fähigkeit beruhte, Erlebtes vorzustellen, ohne es von Neuem zu erleben, dasselbe von erlebtem Gegenwärtigen zu unterscheiden, und mit diesem und den Erwartungen des Zukünftigen durch den Gedanken des Causalzusammenhanges aller dieser Momente in dem Fundamentalbegriffe des Werdens zu vereinigen. Die Anschauung des zeitlichen Verlaufs stellte sich als Selbsterscheinung dieser Succession des Wirkens in uns dar, und darin beruht ihre objective Bedeutung, obgleich sie selbst nur ein Act unseres subjectiven Geisteslebens ist.

Die Bedeutung der Anschauung des zeitlichen Verlaufs der Ereignisse für die Gestaltung unserer gesammten Weltansicht und für die Erfüllung unserer Lebensbestimmung liegt nun klar auf der Hand. Es bedarf nur weniger Worte, um sie anschaulich darzulegen.

Fassen wir zunächst unser subjectives Geistesleben in's Auge, so erweitert die zeitliche Anschauung, indem sie das gegenwärtig Erlebte mit der Erinnerung an die Vorerlebnisse und der Erwartung des Zukünftigen in der Einheit des Selbstbewußtseins verbindet, den Begriff unserer persönlichen Existenz über den schmalen Lichtstreifen der Gegenwart hinaus mit der Vergangenheit und der erwarteten Zukunft unseres Lebens. Dadurch erhält unser Daseinsgefühl erst eine feste zusammenhängende Basis, welche nach allen Seiten hin einer steten Bereicherung und Erweiterung fähig ist. Dies wird recht offenbar, wenn wir uns einmal vorstellen, daß uns die zeitliche Anschauung fehlte. Die Vorstellung und das Daseinsgefühl unseres Ich würde dann nicht über den Moment der Gegenwart hinausreichen. Unser Leben verlöre dann jeden inneren Zusammenhang. Wir würden in jedem Momente uns als ein Anderer vorkommen. Die Summe der unzähligen, in jedem Augenblick auf uns einwirkenden Eindrücke würde stets in ein wirres Chaos zusammenrinnen. Nur durch die fortgesetzte Uebung des Lebens erlangen wir die Fähigkeit, die unabsehbare

Masse der Licht-, Schall- und Tastempfindungen beständig zu sondern und zu den Gesammtvorstellungen einzelner Körper und einer uns rings umgebenden, mehr oder weniger geordneten Umgebung zusammenzufassen. Alle diese nur durch eine lange Reihe von Vorübungen zu erlangenden Fertigkeiten unserer Vorstellungsthätigkeit könnten doch nicht in jedem Momente auf's Neue wie eine plötzliche, stets in gleicher Weise erneute, Offenbarung über uns kommen. Unsere ganze geistige und körperliche Ausbildung ist ein steter zusammenhängender Aufbau der späteren Eindrücke und Ueberlegungen auf die früher erworbenen Erkenntnisse und Fähigkeiten; dieselbe würde haltlos in sich zerfallen, wenn wir ihr diese feste Grundlage der Erinnerung durch Zerstörung der Zeitanschauung entziehen wollten. Die ganze Menschheit würde dann noch tiefer als unter die denkbar niedrigsten Culturstufen herabsinken. Es würde keine Lehre und keine Erkenntniß, keine Erfahrung und keine Entwickelung geben, keine Vorerwägungen des Künftigen, keine sittliche Verantwortlichkeit, kein Recht, keine Moral, keine staatliche und gesellige Ordnung, sondern nur das wüste Chaos eines Infusorienlebens denkbar tiefster Stufe. Alle Wissenschaft, alle Cultur und alle höhere Lebensauffassung beruht daher auf der Fähigkeit zur zeitlichen Anschauung und auf der durch sie ermöglichten Verknüpfung des Vergangenen mit dem Gegenwärtigen und Zukünftigen. Das Selbstgefühl wird durch sie von der Gegenwart zurück bis in die ersten Stadien der Kindheit und vorahnend bis in das späte Greisenalter erweitert. Wir fühlen, daß alle Momente des vergangenen Lebens wie Glieder unseres Leibes mit zu unserem Wesen gehören. Die Erinnerung an die bösen Thaten quält uns wie die Schrecken der Gegenwart, die Erinnerung an die guten erhebt und stärkt unser Daseinsgefühl, als wären sie eben gethan. Alle Vorerlebnisse, freudige und schmerzliche, interessante und langweilige, niederdrückende und erhebende, constituiren mit dem Momente der Gegenwart und den Hoffnungen und Sorgen der Zukunft den vollen Charakter unserer individuellen Persönlichkeit, und je fester und inniger wir alle diese Momente in der Einheit unseres Selbstbewußtseins zusammenzuschließen vermögen, um so reicher und geschlossener entwickelt sich der Begriff der Persönlichkeit in uns.

Aber nicht blos das subjective Geistesleben erhält durch die Zeitanschauung Gliederung und Zusammenhang, auch eine Auffassung der objectiven Welt würde uns völlig unmöglich sein, wenn wir stets nur das von ihr erführen und in Zusammenhang zu bringen vermöchten, was wir im Momente der Gegenwart von ihren Einwirkungen erleiden. Dadurch erst, daß wir auch die Processe des Wirkens in allen übrigen Wesen unter dem Bilde des zeitlichen Verlaufs auffassen, indem wir auch in ihnen die vergangenen Ereignisse mit den gegenwärtigen und zukünftigen in zusammenhängende Reihen des Geschehens verknüpfen, und diese letzteren selbst wegen des allgemeinen Causalzusammenhanges in der Vorstellung eines einheitlichen Weltprocesses vereinigen, der alles Wirken der Vergangenheit, Gegenwart und Zukunft umfaßt, schließt sich unsere Weltanschauung zu einem einheitlichen Ganzen zusammen, in dem jeder seine Stelle und seine Bestimmung findet.

Im practischen Leben war uns die Bedeutung der Zeitanschauung längst offenbar; jetzt haben wir durch Beantwortung der beiden im Beginn dieses Kapitels aufgeworfenen Fragen die tieferen theoretischen Gründe jener Bedeutung erkannt. Wir haben einerseits das Trugbild einer realen leeren Zeit beseitigt, welches unsere Weltanschauung verfälscht und entleert, indem es einen leeren Strom inhaltlosen Geschehens als allumfassende Grundlage alles Wirklichen hinstellt. Wir haben andererseits die Anschauung des zeitlichen Verlaufs der Ereignisse als Selbsterscheinung der Succession des Wirklichen in uns, und damit deren reale Bedeutung erkannt, welche der positive Grund ihrer practischen Unentbehrlichkeit ist.

Vierter Abschnitt.

Die Neugestaltung unserer Weltansicht durch die Erkenntniß der Idealität des Raumes und der Zeit.

Erstes Kapitel.

Die Neugestaltung unserer Weltansicht im Allgemeinen.

Nachdem wir im vorigen Abschnitte die wahre Bedeutung der räumlichen und zeitlichen Beziehungen und der daraus gebildeten Anschauungen des Raumes und der Zeit erkannt haben, sind wir im Stande, die Erkenntniß der Idealität des Raumes und der Zeit mit den Ergebnissen unserer practischen Lebenserfahrungen in Einklang zu bringen und die Veränderungen zu ermessen, welche unsere bisherige Auffassung der Dinge und Ereignisse dadurch nothwendig erleiden muß.

In der That führen diese Veränderungen, wenn wir sie consequent bis zu Ende verfolgen, zu einer völligen Neugestaltung unserer Weltansicht.

Dies wird alsbald offenbar, wenn wir uns der Eingangs dieser Schrift und auch später wiederholt hervorgehobenen schweren Bedenken erinnern, welche sich vom Standpunkte der gewöhnlichen Ansicht von der Realität des Raumes und der Zeit aus gegen die aprioristischen Voraussetzungen erheben, welche wir vermöge der Naturanlage unserer Vernunft und unseres Gewissens über das Ganze der Welt und deren Sinn und Zweck zu machen genöthigt sind.

Denken wir den leeren Raum nach der gewöhnlichen Auffassung als umfassende reale Basis und Existenzbedingung alles Wirklichen, so fehlt der unendlichen Ausdehnung der Welt jedes Princip innerer Zusammengehörigkeit und Concentration. Die Zwischenschiebung des leeren Raumes würde die Dinge isoliren und jede Wechselwirkung, jeden Zusammenhang zwischen ihnen aufheben. Es ist unmöglich, die Welt unter Voraussetzung der Realität des leeren Raums als Ganzes aufzufassen; ihre Bestandtheile würden dann principlos auseinanderfallen. Denken wir ferner der gewöhnlichen Ansicht von der Realität der Zeit entsprechend den Verlauf der leeren Zeit als Hauptstrom alles Geschehens, wäre die Leerheit dieses ursprünglichen Geschehens in der That Grund und Princip alles Wirklichen, so gäbe es keinen Weltzweck, der nur in der Realisirung eines inhaltvollen fühlbaren und erlebbaren Guts bestehen kann. Der Weltproceß entbehrte dann alles Inhalts und aller inneren Einheit. Alles Wirkliche wäre von einer princip- und sinnlosen Macht beherrscht, ohne Zwecke, ohne Inhalte, ohne innere Gliederung. Die Consequenz der Annahme eines realen leeren Raums und einer realen leeren Zeit führt, wie wir gesehen haben, zu einer materialistischen und atheistischen Weltansicht, welche den Voraussetzungen der Vernunft und des Gewissens widerspricht, indem sie alle Entwickelung, alle sittliche Lebensbestimmung, allen Sinn und Zweck ausschließt.

Diese Consequenzen werden nur in der gewöhnlichen Auffassung dadurch verdeckt, daß wir die innere Lebendigkeit unserer Empfindungen und Erlebnisse in die starre Außenwelt des vorgestellten leeren Raumes hinausprojiciren, und den phänomenalen Gestalten der Dinge dadurch selbst den Schein innerer Lebendigkeit und wirkungsvollen Daseins verleihen, daß wir ferner die leere Zeit durch unsere inneren Erlebnisse erfüllt denken und der Leerheit ihres Verlaufs dadurch den Anschein wirklichen inhaltvollen Geschehens geben. Aber dieser täuschende Schein, dem wir im Verlaufe des practischen Lebens alle huldigen, muß der Auffassung des wahren Sachverhalts weichen, wenn wir im philosophischen Erkennen die letzten Elemente des Wirklichen zu erfassen suchen, und den Maßstab unserer metaphysischen Grundbegriffe an jene Vorstellungsweise des gewöhnlichen Lebens legen, um deren wahre Bedeutung zu ermessen. Es stellt sich dann heraus, daß die Lebendigkeit der Farben und Klänge, welche jenen Schein erweckt, nicht als Eigenschaft an den Dingen haften, sondern nur als Erregungszustand des die Dinge wahrnehmenden Subjectes wirklich sein kann. Mag daher jene bildliche Vorstellungsweise als nützliche Abbreviatur für die Zwecke des practischen Lebens nach wie vor in Geltung bleiben; für die Aufgabe des philosophischen Erkennens, bei der Erörterung der höchsten Fragen nach Sinn und Zweck der Welt und unserer Bestimmung darin, darf man sich ihrer ferner nicht mehr bedienen. Hier gilt es, jenem Scheine die Einsicht in den wahren Sachverhalt zu substituiren, und deren Consequenzen klar bis zu Ende zu denken. Danach können wir die letzten Elemente des Wirklichen nur als intensive lebendige Wesen, und alles Geschehen nur als Zustandsänderungen solcher Wesen auffassen, und im Lichte dieser Auffassung erscheinen der reale leere Raum und die reale leere Zeit als unhaltbare und widersinnige Annahmen, deren Aufrechterhaltung jede höhere Auffassung des Lebens unmöglich macht.

Nachdem diese Einsicht in den wahren Sachverhalt durch die Fortschritte des naturwissenschaftlichen Erkennens und die neuen Methoden der Forschung wenigstens insoweit zum Gemeingut aller Gebildeten geworden ist, daß die Unhaltbarkeit jenes die ausgedehnten Dinge belebenden Scheines allgemein anerkannt wurde, ist die Frage nach dem Rechtsgrunde der gewöhnlichen Annahme der Realität des Raumes und der Zeit, und nach dem wahren Wesen beider, zu einem der vornehmsten Probleme der neueren Philosophie geworden.

Kant fand den Schlüssel zur Lösung dieses Problems, indem er mit unwiderleglichen Gründen auf den subjectiven Ursprung der Raum- und Zeitanschauung hinwies, aber er schoß weit über das Ziel hinaus, insofern er aus der Subjectivität dieses Ursprungs auch eine *rein subjective Geltung und Bedeutung* der räumlichen und zeitlichen Verhältnisse folgern zu müssen glaubte. Solche Schlußfolgerung widersprach den Ergebnissen der practischen Lebenserfahrung so sehr, daß jede Hoffnung schwinden mußte, den wirklich beobachteten Sachverhalt damit jemals in Einklang bringen zu können. Die Schranken, welche der Entfaltung unseres Lebens thatsächlich durch die concreten räumlichen und zeitlichen Verhältnisse in jedem Falle gezogen sind, zeigten sich eben erfahrungsmäßig ganz unabhängig von unserer Willkür, und konnten selbst durch die kühnsten Träume idealistischer Geistesschwärmerei nicht hinweggeleugnet werden. In der That konnte auch nur unklare Schwärmerei, welche das Ideal menschenwürdigen Daseins in völliger Schrankenlosigkeit des subjectiven

Wollens finden zu müssen wähnte, dazu verleiten, jene Schranken blos als Schranken aufzufassen, während besonneneres Nachdenken darin vielmehr ein festes und ganz unentbehrliches Princip der Ordnung erblicken mußte, welches jedem Wesen den Spielraum, die Art und Richtung seines Wirkens und Lebens vorschreibt. Es kann nicht bezweifelt werden, daß Kant, indem er die reine Subjectivität der Raum- und Zeitanschauung lehrte, mit der allerdings unhaltbaren Annahme der Realität des Raumes und der Zeit zugleich jenes ganz unentbehrliche Princip objectiver Ordnung beseitigte, und daß deshalb die letzte Consequenz seiner Lehre zu einer Verabsolutirung des ganzen subjectiven Geisteslebens führt. Diese Consequenz ist unhaltbar, das subjective Geistesleben kann nicht als alleiniges schöpferisches Princip des ganzen Universums betrachtet werden, sondern ist selbst nur als integrirendes Moment eines alle Individualexistenzen umfassenden göttlichen Alllebens begreiflich, und die Summe der concreten räumlichen und zeitlichen Verhältnisse, welche den Rahmen der individuellen Gestaltung des subjectiven Geisteslebens der Einzelwesen bildet, kann stets nur durch ein übergreifendes objectives Princip der Ordnung bestimmt gedacht werden.

Erst Lotze hat, wie wir im vorigen Abschnitte sahen, die Geltung und Wirksamkeit dieses objectiven Princips der Ordnung auch in allen jenen das Individualleben der Einzelwesen umfassenden räumlichen und zeitlichen Verhältnissen, sowie in den daraus resultirenden Gesammtanschauungen des Raumes und der Zeit nachgewiesen, indem er die wahre Bedeutung jener Verhältnisse und Anschauungen aufdeckte. Erst durch diesen weiteren und höchst bedeutsamen Schritt über die Lehre Kants hinaus erhellt sich die fruchtbare Perspective, welche uns durch die Erkenntniß der Idealität des Raumes und der Zeit erschlossen wurde. Erst jetzt begreifen wir, wie trotz der Idealität des Raumes und der Zeit jene allgemeine Ordnung bestehen kann und besteht, welche uns thatsächlich in den räumlichen und zeitlichen Beziehungen wiedererscheint, und deren universelle unabänderliche Geltung eben den Glauben an die Realität des Raumes und der Zeit in uns erzeugte. Wir begreifen jetzt auch die Zähigkeit und Hartnäckigkeit dieses Glaubens, dessen wahrer tieferer Sinn durch die Erkenntniß der Idealität des Raumes und der Zeit nicht aufgehoben, sondern nur rectificirt und schärfer präcisirt wird. Dieser Glaube erscheint uns jetzt nur als eine unentbehrliche Abbreviatur, welche die Wirksamkeit des wahren Sachverhalts ermöglicht, ohne zugleich durch die unübersichtliche Complicirtheit der ihm zu Grunde liegenden psychischen Maschinerie zu verwirren. Wir können diese Abbreviatur auch im practischen Leben consequent und ständig festhalten, ohne doch den Segen der Correctur aufzugeben, welche die Gestaltung unserer Weltansicht im Ganzen durch die Einsicht in den wahren Sachverhalt erleidet.

Durch diese Correctur werden mit einem Schlage alle jene Schwierigkeiten beseitigt, welche einer durch das Bedürfniß der Einheitlichkeit geleiteten philosophischen Weltbetrachtung aus der gewöhnlichen Annahme der Realität des Raumes und der Zeit erwachsen, ohne daß die Vortheile verloren gehen, welche diese Annahme für unsere practische Lebensführung mit sich bringt. Wir erkennen nun in der allgemeinen Gesetzlichkeit und Ordnung, ohne welche ein vernünftiger Zusammenhang der Welt undenkbar ist, den tieferen Grund jener Annahme, dessen Bedeutung und wahres Wesen uns durch die Erkenntniß der Idealität des Raumes und der Zeit erst offenbart wird, und diese Ordnung erscheint uns jetzt nicht mehr wie ein seinem Ursprunge nach unerklärliches, äußerliches starres und blindes Fatum, sondern als innere Consequenz des göttlichen Lebens, und in den Plan dieses als integrirendes Glied des höchsten Sinnes aller Weltwirklichkeit mit eingeschossen. Die räumlichen und zeitlichen Beziehungen, welche gewissermaßen das feste Bette bilden, in dem unser Leben verläuft, und deren concrete Gestaltung in allen Einzelfällen das individuelle Gepräge des letzteren zum großen Theil bestimmt, bedeuten in ihrer Gesammtheit die der Abänderung durch unsere freie Willkür nur in beschränktem Maße unterworfene Stelle, welche unserem Leben in der allgemeinen Bedingungsordnung des Wirklichen zugewiesen ist, den Anfangspunkt und die Mitte unseres Wirkens, wo wir in dem Haushalte des Ganzen unserer individuellen Lebensaufgabe genügen sollen. Dieses Ganze selbst aber steht uns nicht mehr als eine fremde Macht, als eine Außenwelt gegenüber, sondern erscheint uns jetzt als allumfassendes göttliches Leben, in dessen Verwirklichungsproceß wir selbst mit eingeschlossen sind. Das religiöse Gefühl der Abhängigkeit, des Vertrauens und der Hingabe an Gott findet auf diese Weise eine beglückende und überraschende Bestätigung in der Sphäre des intellectuellen Erkennens, indem wir auch die räumliche und zeitliche Ordnung der Dinge und Ereignisse, welche den festen Rahmen unserer Weltansicht bildet, als göttliche Einrichtung begreifen. Wir fühlen uns wohnlicher und heimathlicher in einer Welt, deren ganzer Bau nach allen Richtungen hin durch dasselbe höchste Princip begründet und bestimmt ist, aus dessen Anerkennung und Verehrung wir auch alle tieferen Interessen und alle edleren Kräfte unseres Gemüthes schöpfen.

Wir müssen uns diese Umwandlung der althergebrachten Auffassungsweise klar durchdenken und vergegenwärtigen, um ihres Segens in vollem Maße theilhaftig zu werden.

Raum und Zeit, die bis dahin als selbständige Realitäten ihrer eigenen räthselhaften Art dem Geiste gegenüber zu stehen, und als materielle Schranken die freie Ausgestaltung der Weltansicht des Geistes zu hemmen schienen, werden nun als Erzeugnisse des geistigen Lebens erkannt, und bis in ihr innerstes Wesen hinein durch den erwärmenden Strahl dieser Erkenntniß erleuchtet. Wie ein Zauber wirkte diese Erkenntniß auf die Gemüther. Der dunkle Kern materiellen Seins, nach der bisherigen Auffassung die eigentliche Basis des Wirklichen, aus dem das geistige Leben wie ein beiläufiger Schein entsprungen schien, von dem man fürchtete, daß er als das Wesenhaftere und Mächtigere jenen Schein des Geistigen im Tode wieder verschlingen werde, dieses todte Schreckgespenst der Materie erschien nun durch die siegende Herrschaft des Geistes aufgelöst, zersprengt und verflüchtigt. Der Geist selbst erschien als das einzige ursprünglich und wahrhaft Wirkliche, der Raum, Zeit und Materie als bloße Erscheinungsformen seiner selbst aus sich selbst erzeugt. Raum, Zeit und Materie erschienen nicht mehr als Schranken, sondern als selbsteigene Producte des geistigen Lebens, dessen Gesetzen unterthan, dessen Zwecken gehorsam! Damit war der rechte Standpunkt für die Erkenntniß des Sinnes und Zweckes der Welt erst eröffnet. Jetzt, da der Grund alles Wirkens als geistigen Ursprungs erkannt war, bot sich die Aussicht, das, was den subjectiven Geist in seiner Tiefe erregte und begeisterte, die idealen Ziele des Lebens, auch als bewegende Kraft der Außenwelt, als Grund und Ziel des ganzen Weltprocesses zu begreifen und zu verstehen.

In diesem Gesichtspunkte concentrirt sich die reformatorische Kraft der Erkenntniß der Idealität des Raumes und der Zeit, welche zu einer totalen Umgestaltung unserer Weltansicht führen muß. Die concrete Fülle der uns scheinbar umgebenden Dinge, der Erdball, das Sonnensystem und der Fixsternhimmel, schienen nach der bisherigen Auffassung als das zuerst und ursprünglich Wirkliche, sie erschienen als der feste Rahmen aller Weltwirklichkeit, während das geistige Leben, an gewisse Complicationen der Materie in den organischen Leibern gebunden, nur als beiläufiger Schein oder als feinstes Product materieller Wirksamkeit sich darstellte. Diese ganze altgewohnte Auffassung der Dinge stürzt in sich zusammen, nachdem man Raum, Zeit und Materie, das ganze feste Gerüst der sich in concreter Wirklichkeit um uns ausdehnenden Welt als bloße Erscheinungen und Erscheinungscomplexe erkannt hat, welche überhaupt in der Form, wie sie uns erscheinen, nicht für sich sein, sondern nur innerhalb der Auffassung lebendiger Wesen entstehen, und nur als Vorstellungen in der Gestalt wirklich sein können, wie wir sie wahrnehmen. Nicht das unabsehbare Ganze jenes phänomenalen Weltbildes erscheint jetzt als die feste constante Basis des Wirklichen, aus deren Zergliederung die letzten Principien des Wirkens gefunden werden könnten, sondern diese müssen fortan in dem allein zuerst und ursprünglich gegebenen Thatbestande des subjectiven Geisteslebens aufgesucht werden.

Darin besteht die Umwälzung und Neugestaltung unserer Weltansicht, daß jetzt das geistige Leben als das Primäre, und die ganze phänomenale Weltwirklichkeit als das Secundäre erscheint; daß jetzt die letzte thatsächliche Basis, welche jede Untersuchung anerkennen muß, in den unmittelbaren Regungen des geistigen Lebens zu suchen ist und nicht in dem Bestande der phänomenalen Außenwelt. Jetzt wird uns offenbar, daß nur das Lebendige wirklich ist, und daß alle übrige Weltwirklichkeit, daß die Gesammtheit der leblosen Dinge, die ganze Natur im Gegensatze zum Geiste nur als Erscheinung in der Auffassung und Zusammenfassung lebendiger Wesen existent sein kann. Der Schwerpunkt alles Erkennens und aller Interessen wird nun gleichsam von der Außenwelt in die Innenwelt des Geistes verlegt, den lebendigen Quell aller Werthe des Lebens, und die Welt dieser Werthe ist der Schlüssel zum Verständniße der Welt der Formen.

Durch diese Umkehrung der bisherigen Auffassung wird erst der thatsächliche Boden gewonnen, auf dem allein eine Philosophie stehen kann, eine **Philosophie des Unmittelbaren** welche nicht blos Erscheinungen registriren, sondern den Sinn und Zweck der Welt und unsere Bestimmung in ihr ermitteln und verstehen will. Dieser thatsächliche Boden ist das geistige Leben in dem ganzen Umfange, wie sich dasselbe unserem Bewußtsein und unserer Beobachtung unmittelbar darbietet, und nur der **Idealismus**, welcher diesen thatsächlichen Boden als das zuerst und ursprünglich Wirkliche anerkennt, ist wahre Philosophie.

Zweites Kapitel.

Die Neugestaltung unserer wissenschaftlichen Weltansicht.

Der characteristische Grundzug und zugleich der wichtigste Fortschritt der Philosophie des Idealismus besteht darin, daß sie die gegebene thatsächliche Grundlage alles Erkennens rein und unverfälscht zum Ausgangspunkte ihrer Untersuchungen macht, daß sie eine Philosophie des **Unmittelbaren** ist, indem sie die im bewußten Geistesleben sich **unmittelbar** darbietenden Elemente aller Erscheinungen und Begriffe, nicht aber, wie das vielfach geschehen ist und noch immer geschieht, gewisse durch ihr allgemeineres Vorkommen und ihre plastische Anschaulichkeit imponirende Erscheinungsbilder, oder gewisse von diesen abstrahirte Allgemeinbegriffe, als das zuerst und ursprünglich Gegebene anerkennt. Diese ursprünglich gegebenen Elemente, die sinnlichen Empfindungen, die Formen deren Verknüpfung, die Gefühle und Strebungen und die apriorischen Wahrheiten und Ideen der Vernunft, welche in und mit der Naturanlage des Geistes gegeben sind, liefern alles Material, alle Bausteine und Regeln der Zusammenfassung und Verknüpfung, aus denen das ganze Universum, insoweit es sich unseren Blicken darstellt, seiner Form und seinem Inhalte nach in unserer Vorstellung aufgebaut wird. Durch diese Naturanlage des Geistes sind die Grundlinien jeder uns möglichen Weltansicht von vorn herein festgelegt, durch sie wird insbesondere die Form der idealistischen Weltansicht unwiderruflich und unwidersprechlich bestimmt. Nichts kann in den Geist eindringen, nichts kann er aus sich hervorbringen, anders als in diesen in seiner Naturanlage gegebenen Formen der Conception und Reproduction.

Wenn man diesen Grundgedanken consequent festhält, so scheidet eine ganze Reihe von Fragen aus dem Kreise unserer Untersuchung aus, welche das moderne Denken noch immer verwirren und auf unfruchtbare und falsche Wege leiten. Es scheidet insbesondere die Frage aus, wie es möglich sei, daß ein Bewußtsein und alle die Formen existiren, in denen es sich thatsächlich offenbart? Wie Wesen existiren können, die Empfindungen, Gedanken, Gefühle und Strebungen in sich erleben? Wie überhaupt Sein und Geschehen stattfinden können und gemacht werden? Die Beantwortung aller dieser Fragen wäre vielmehr nur dann unabweisbare Pflicht menschlicher Forschung, wenn es unsere Aufgabe wäre, die Welt und die Dinge zu schaffen, nicht aber blos Zusammenhang, Sinn und Werth des Geschaffenen zu verstehen.

Die sich zunächst aufdrängenden Hauptfragen des philosophischen Erkennens sind vielmehr:

1. Wie kann aus jenen an sich unräumlichen und nur intensiv erlebten Elementen der thatsächlich gegebenen Lebenserfahrung die räumlich und zeitlich ausgedehnte Erscheinungswelt in uns entstehen, und was bedeutet deren räumliche und zeitliche Ausdehnung?

2. Welche weitere Voraussetzungen über das Wirkliche und über das Verhältniß unserer Erscheinungswelt zu diesem sind erforderlich, um jene mit den Anforderungen unserer Vernunft und unseres Gewissens in Einklang zu bringen?

Beide Hauptfragen erfahren durch die Erkenntniß der Idealität des Raumes und der Zeit eine überraschende Aufklärung, welche sich sowohl in den negativen wie in den positiven Consequenzen jener Erkenntniß offenbart.

Für die erste Frage scheint es zwar zunächst irrelevant zu sein, ob ein realer Raum und eine reale leere Zeit außerhalb unseres Bewußtseins für sich existiren, denn selbst wenn dieses der Fall wäre, so könnten wir dieselben doch nicht direct wahrnehmen, sondern die Anschauungen des Raumes und der Zeit könnten auch dann immer nur durch eine innere Reproduction derselben mittelst unserer subjectiven Geistesthätigkeit in uns entstehen. Wir haben jedoch schon gesehen, daß nur die Erkenntniß der Idealität des Raumes und der Zeit über den wahren Sinn der Natur beider aufzuklären vermag, und es wird sich weiter zeigen, daß nur allein das Verständniß dieses Sinnes uns auch die Entstehung der Anschauungen des Raumes und der Zeit in unserem selbst unausgedehnten Bewußtsein begreiflich machen kann.

Auf die zweite Frage giebt es dagegen gar keine befriedigende Antwort, so lange man die gewöhnliche Annahme der Realität des Raumes und der Zeit festhält. In der Vorstellung des realen Raumes erstarren gleichsam die lebendigen Beziehungen der Wesen zu einander, und schieben sich als trennende Macht von unbegreiflicher Wirklichkeit zwischen sie, indem sie dieselben vollständig isoliren. Die Wesen selbst werden durch diese falsche Vorstellung ihrer inneren Lebendigkeit beraubt und zu todten Punkten gemacht, während die Beziehungen zwischen ihnen nicht mehr wie wirkliche Beziehungen, sondern wie leblose Medien materieller Art gedacht werden. Diese Vorstellungsweise widerspricht nicht nur den Anforderungen unserer Vernunft und unseres Gewissens, sondern sich selbst, und zugleich allen metaphysischen Begriffen des Wirklichen und des Wirkens überhaupt. Vorausgesetzt, es bestände ein realer Raum für sich und zwischen den Wesen, so ist eine Wechselwirkung und ein innerer Zusammenhang dieser und der Welt überhaupt völlig undenkbar. Auch der Verlauf einer den Hauptstrom alles Geschehens bildenden oder regelnden leeren Zeit würde, seine Denkbarkeit vorausgesetzt, wie ein unentrinnbares leeres Fatum über Sinn und Inhalt alles Geschehens gestellt erscheinen, und dessen innere Gliederung durch Ueberordnung eines sinnlosen Rhythmus von unangebbarer Qualität zerstören. Aller causale und teleologische Zusammenhang der Wesen würde aufgehoben, wenn ein solcher wirklich geschehender leerer Zeitablauf die Continuität der Wirkungen irgendwie zu beeinflussen vermöchte, denn nur zwischen concreten, irgendwie inhaltlich bestimmten, nicht aber zwischen rein abstracten und gänzlich leeren Momenten des Geschehens ist solcher Zusammenhang denkbar. Erst nach Beseitigung der irrigen Vorstellungen der Realität des Raumes und der Zeit erschließt sich daher die Möglichkeit eines Verständnisses der Wechselwirkung der Einzelwesen und ihrer Zusammengehörigkeit zu dem Ganzen einer Welt, sowie die Aussicht, die Ergebnisse unserer Wahrnehmung mit den Anforderungen der Vernunft und des Gewissens in Uebereinstimmung zu bringen.

Dies sind jedoch nur negative Folgen der Erkenntniß der Idealität des Raumes und der Zeit. Viel wichtiger sind die Aufschlüsse, welche uns aus dem Verständnisse der wahren positiven

Bedeutung der räumlichen und zeitlichen Beziehungen und der Anschauungen des Raumes und der Zeit erwachsen. Durch diese Aufschlüsse wird uns überhaupt erst begreiflich, wie aus den thatsächlich allein gegebenen subjectiven Geisteserregungen das Bewußtsein unserer selbst als eines einheitlichen Wesens, welches in dem Wechsel seiner Zustände sich selbst erhält, wie in uns zugleich die Vorstellung anderer Wesen, die wir nicht selbst sind und unseres Zusammenhanges mit diesen, wie insbesondere in unserem selbst unausgedehnten Bewußtsein die Vorstellung ausgedehnter Dinge und der ganzen uns scheinbar in plastischer Anschaulichkeit umgebenden Außenwelt entstehen könne.

Das nächste Ergebniß unserer durch die Erkenntniß der Idealität des Raumes und der Zeit ermöglichten, auf die Ermittelung des eigentlichen Sinnes der räumlichen und zeitlichen Beziehungen gerichteten Untersuchung bestand in der Klarstellung des in jenen Beziehungen enthaltenen, thatsächlich und unmittelbar gegebenen inhaltlichen Elementes, nämlich der in und mit unserer Naturanlage gegebenen Fähigkeit, auf gewisse Anregungen, die sich fortwährend, theils durch äußere theils durch innere Einwirkungen veranlaßt, in unserem Vorstellungsverlaufe darbieten, mit ganz bestimmten, von unserer Willkür unabhängigen correspondirenden Größenwerthen der Anschauung des Nebeneinander oder des Vor und Nach zu reagiren, das heißt alle in uns auftauchende Vorstellungen der Dinge an bestimmten Orten nebeneinander, und alle uns zum Bewußtsein kommende Geschehnisse in bestimmter Zeitfolge vor- oder nacheinander anzuschauen, überhaupt die Anschauungen des Nebeneinander und des Vor und Nach auf gewisse Anregungen schöpferisch in uns erzeugen zu können. Diese Fähigkeit ist, wie gesagt, ein specifischer Grundzug unserer Naturanlage, wir können die Art ihrer Entstehung ebensowenig noch weiter aufklären, wie beispielsweise die andere Fähigkeit, vermöge deren wir auf gewisse Nervenerregungen stets mit den Empfindungen bestimmter Farben oder Klänge reagiren. Die Anerkennung des unmittelbar und thatsächlich Gegebenen bildet hier wie überall, wo wir auf ein thatsächliches Element der Wahrnehmung stoßen, eine Grenze unseres Erkennens, welche wir zu respectiren haben, wenn wir die Aufgabe des Erkennens nicht ganz und gar verfehlen wollen, da dieses, wie gesagt, keine Wirklichkeit schaffen, sondern nur den Sinn der Geschaffenen verstehen lehren soll. Dieser Sinn liegt hier eben in dem, was uns jene Fähigkeiten zur Anschauung des Nebeneinander und des Vor und Nach im Verlaufe unseres Lebens thatsächlich leisten, welchen Werth sie für die Entwickelung unseres Vorstellungslebens und unseres Wissens darbieten. Um diesen Werth zu veranschaulichen, brauche ich nur auf das Ergebniß der Untersuchungen des vorigen Abschnitts zu verweisen Besäßen wir nicht jene Fähigkeit, die Dinge neben einander vorzustellen, so könnten wir sie überhaupt nicht zusammen in einer ungetheilten Anschauung vorstellen. Wir würden dann überhaupt nicht im Stande sein, die gleichzeitig auf uns eindringenden Einwirkungen verschiedener Dinge getrennt auseinanderzuhalten, sie mit einander zu vergleichen und auf einander zu beziehen. Es würde uns völlig unmöglich sein, andere Dinge außer uns vorzustellen, die Vorstellung einer uns umgebenden Außenwelt zu erlangen. Darin besteht zunächst die Bedeutung der räumlichen Anschauungsform, daß sie die Entstehung der subjectiven Erscheinungswelt in uns ermöglicht.

Aber diese subjective Erscheinungswelt ist nicht reines Product der menschlichen Einbildung, sie entsteht vielmehr unter steter Einwirkung anderer Wesen auf uns, und in der Vorstellung dieser anderen Wesen und deren Verhältnisse zu uns und unter einander offenbart sich noch ein zweites Moment der Bedeutung jener Anschauungsform. Die räumlichen Beziehungen sind eben, wie wir gleichfalls schon im vorigen Abschnitte sahen, nicht blos Formen der Zusammenfassung des Mannigfaltigen überhaupt, sondern darin besteht ihr specifischer Werth, daß sie die in unserer Naturanlage thatsächlich begründeten Formen sind, in denen wir die intelligiblen wahren Beziehungen der Wesen zu uns und unter einander uns anschauunngsmäßig zu vergegenwärtigen, das heißt überhaupt vorzustellen vermögen. Die bestimmten Werthe der räumlichen Beziehungen, die bestimmten Orte, an welchen die Dinge erscheinen, werden daher in jedem Einzelfalle der Wahrnehmung durch deren wahres gegenseitiges Verhalten zu uns und unter einander bestimmt, und wir reproduciren diese Wahrnehmung mit mehr oder weniger großer Genauigkeit in der Erinnerung, wenn wir uns dann das Erlebte später wieder vorstellen. Da nun alle Wahrnehmungen durch Einwirkungen der Dinge auf uns hervorgerufen, auch die concreten Werthe der räumlichen Beziehungen der wahrgenommenen Dinge zu uns und unter einander, das heißt die Orte an denen sie uns erscheinen, lediglich durch die von unserer Willkür unabhängige Art jener Einwirkungen bestimmt werden, so können wir vermöge jener Einrichtung unseres Geistes auch das wahre Verhalten der wahrgenommenen Dinge zu uns und unter einander, welches uns in jenen räumlichen Beziehungen wiedererscheint, in bestimmter Form wahrnehmen. Unser Wahrnehmen erlangt dadurch eine übergreifende objective Geltung, welche auch in der Reproduction der Erinnerung des Wahrgenommenen erhalten bleibt. Die Form des räumlichen Anschauens setzt uns daher nicht blos in die Lage, Dinge außer uns, eine Außenwelt überhaupt vorzustellen, sondern sie überzeugt uns auch von dem wirklichen Vorhandensein einer solchen Außenwelt, sie vermittelt uns die wirkliche Wahrnehmung derselben und unseren Verkehr mit ihr, indem sie uns die wahren intelligiblen Beziehungen aller Dinge zu uns und unter einander, so weit unsere Wahrnehmung reicht, in bestimmter Art überhaupt vorzustellen gestattet, auf eine Art, deren Variabilität allen denkbaren Verschiedenheiten jener Beziehungen einen correspondirenden vorstellungsmäßigen Ausdruck gestattet, vermöge dessen die Dinge je nach ihrem wahren Verhalten zu uns und unter einander an bestimmten Orten im Raume vertheilt erscheinen.

Besäßen wir ferner nicht die Fähigkeit, das Erlebte in der Erinnerung festzuhalten und mit den gegenwärtigen Eindrücken wie den consequent daraus zu erwartenden Folgen zu einer continuirlichen einheitlichen Anschauung des Geschehens zu verbinden, und die einzelnen Acte des Geschehens je nach dem Maaße und der Intensität ihrer wahren causalen und teleologischen Zusammenhänge in bestimmte Entfernungen des Vor und Nach in der zeitlichen Anschauung auseinanderzurücken, so würde die unabsehbare Mannigfaltigkeit der beständig auf uns eindringenden Reize stets in ein wirres unauflösliches Chaos zusammenrinnen. Wir würden uns dann selbst in jedem Moment als ein Anderer erscheinen, da wir außer Stande wären, die successiven Momente unseres Lebens in der Einheit des Selbstbewußtseins zu verknüpfen, und diejenigen Fähigkeiten uns anzueignen, welche uns erst in die Lage setzen, die gleichzeitig auf uns einwirkenden Reize zu sondern und überall die Theilstriche anzubringen, welche die einzelnen Empfindungen und sonstigen Erlebnisse in unserem wachen Leben von einander trennen, und die Möglichkeit gewähren, aus ihnen zusammenhängende Vorstellungen einzelner Dinge und Ereignisse zu bilden. Die Form des zeitlichen Anschauens befähigt uns daher erst zu jener höheren Form des Selbstbewußtseins, vermöge deren wir uns als einheitliche Wesen im Wechsel unserer Erlebnisse erhalten, und uns selbst als fürsichseiende Wesen der Außenwelt entgegensetzen, sie befähigt uns überhaupt zu allem Erkennen und Wissen, ohne sie würden wir weder zur Gestaltung einer subjectiven Weltansicht, noch zu der Einsicht eines Zusammenhanges dieser subjectiven Erscheinungswelt mit dem übrigen Geschehen außer uns gelangen können, wir haben in ihr eine vorstellungsmäßige Ausdrucksform des wahren Geschehens in und außer uns, welche uns in die Lage setzt, Ereignisse vorzustellen, ohne sie zugleich selbst noch einmal zu erleben. Auch die Form des zeitlichen Anschauens erweitert daher unser subjectives Geistesleben weit über die Sphäre der Subjectivität hinaus, da sie uns gestattet, Alles was in und außer uns in der Welt geschieht, vorstellungsmäßig in uns zu reproduciren und in der Einheit eines zusammenhängenden Weltprocesses zusammenzufassen.

Ziehen wir die Summe dieser Erwägungen, so ist offenbar, daß eine befriedigende Antwort auf die beiden vorangestellten Hauptfragen des philosophischen Erkennens erst durch das Verständniß des eigentlichen Sinnes und der wahren Bedeutung der Formen des räumlichen und zeitlichen Anschauens ermöglicht wurde. Die Erkenntniß der Idealität des Raumes und der Zeit ist daher grundlegend für den ganzen Aufbau unserer wissenschaftlichen Weltansicht.

Indem diese Erkenntniß uns den tieferen Sinn und die wahre Bedeutung der alle Vorstellungselemente verbindenden räumlichen und zeitlichen Beziehungen offenbarte, legte sie die Nerven blos, welche nicht nur den inneren Zusammenhang unserer subjectiven Weltansicht, sondern auch den Zusammenhang dieser und unseres ganzen Lebens mit dem übrigen Weltall vermitteln, sie zeigte uns, daß diese Nerven ein einheitliches System von übergreifender objectiver Geltung bilden, daß dieses System eine die Einheit des göttlichen Organismus der Welt bezweckende und bedingende Einrichtung ist. Diese Einrichtung ist nicht materieller sondern psychischer Art, und überzeugt uns von dem Panpsychismus der Welt, indem ihr rechtes Verständniß den letzten Halt der Vorstellung materieller Existenz, indem es den Hintergrund beseitigte, an dem alle Vorstellung der Materie und materieller Wirklichkeit allein haften konnte.

Aber nicht blos die subjective Geistesentwickelung ist durch die Fähigkeit der räumlichen und zeitlichen Anschauung, oder irgend welche andere äquivalente Form der Auffassung, welche man an deren Stelle setzen könnte, bedingt; ohne sie oder eine ganz analoge Auffassungsweise würde überall kein Zusammenhang und keine Ordnung im Weltall stattfinden können. Wir haben gesehen, daß die Realität der das Universum constituirenden Einzelwesen nur in ihrem Fürsichsein, und daß alle Beziehungen dieser Einzelwesen, welche deren Zusammenhang bilden, nur in Wechselwirkungen bestehen können, welche nicht zwischen, sondern in jenen Wesen stattfinden. Wir haben ferner gesehen, daß alle diese gegenseitigen Wirkungen der Wesen auf einander ihrer Qualität und Intensität nach durch die Gemeinsamkeit oder den Widerstreit deren individueller Lebensinteressen bedingt sind. Das Vorhandensein und die Complication solcher Lebensinteressen setzt aber immer nicht blos eine specifische Natur der wechselwirkenden Einzelwesen, sondern auch ein gewisses Entwickelungsstadium derselben voraus, welches nur durch die erziehenden Einflüsse deren Vorlebens mittelst der räumlichen und zeitlichen oder einer dieser äquivalenten Auffassungsweise erlangt werden könnte. Wollte man aber selbst von der Voraussetzung einer aufsteigenden continuirlichen Entwickelung der Einzelwesen absehen, und die höchst unwahrscheinliche Vermuthung aufstellen, daß dieselben alle fertig in ihrer gegenwärtigen Ausbildung in's Leben gerufen sein könnten, so ließe sich einestheils dieser gegenwärtige Grad ihrer Ausbildung gar nicht denken, ohne in den betreffenden Wesen zugleich eine Vorstellung der Außenwelt und deren Verhältnisses zu ihnen vorauszusetzen, also die Bedingung des Vorhandenseins der räumlichen und zeitlichen oder einer äquivalenten Anschauung, von welcher wir abstrahirten, trotzdem stillschweigend als erfüllt anzunehmen, anderntheils würde selbst die denkbar höchste geistige Entwickelungsstufe für sich allein die Wesen nicht befähigen, auf einander zu wirken, wenn sie nicht zugleich irgend etwas von einander, und von dem, was in den anderen vorgeht, merken könnten. Dieses andere Erforderniß des Wechselwirkens ist eben die Fähigkeit, andere Wesen und deren Beziehungen zu uns und unter einander, und das Geschehen und dessen Zusammenhang in ihnen irgendwie vorzustellen.

Dieses andere Erforderniß ist in uns nur durch das Vorhandensein der räumlichen und zeitlichen Anschauungsweise erfüllt, und kann auch in allen anderen Wesen nur durch dieselbe oder irgend eine andere äquivalente Anschauungsweise erfüllt sein. Bei der Ueberlegung dieser Frage ist der Hauptgesichtspunkt, daß alle Wahrnehmungs- und Vorstellungsmomente in allen Wesen immer nur in Bewußtseinsacten bestehen können, in denen das percipirende Wesen seiner eigenen Zustandsänderungen inne wird, daß dagegen niemals ein directes Uebergreifen des Erkennens in die Wirklichkeitssphäre anderer Wesen stattfinden kann. Alles Erkennen ist, wie ich schon früher hervorhob, nur ein Specialfall der Wechselwirkung, und Wirkungen können ihrem metaphysischen Begriffe nach immer nur als Zustandsänderungen in den Wesen, nicht aber als fertige selbständige Producte gedacht werden, welche von dem einen Wesen in irgend ein anderes Wesen translocirt werden könnten. Jedes Wesen kann unmittelbar immer nur sich selbst und seine eigenen Zustandsänderungen wahrnehmen; es kann die Vorstellung der anderen Wesen und deren Beziehungen unter einander und zu ihm selbst immer nur durch Schlußfolgerungen aus der Art, dem Wechsel und der Reihenfolge seiner eigenen Erlebnisse schöpfen, und es könnte solche Vorstellung überhaupt nicht erlangen, wenn es nicht die Fähigkeit hätte, andere Wesen vorzustellen, ohne diese anderen Wesen selbst zu sein, und Wirkungen in den anderen Wesen vorzustellen, ohne diese Wirkungen als eigene Zustandsänderungen zugleich in sich selbst zu erleben. Diese Fähigkeit, Vorstellungen von Dingen und Ereignissen zu bilden, welche wir nicht selbst sind, oder im Momente des Vorstellens erleben, wird in uns durch die räumliche und zeitliche Anschauung vermittelt, und ohne diese oder eine ganz analoge Fähigkeit wäre ein gegenseitiges Wirken der Wesen auf einander überhaupt nicht denkbar. Durch die Wechselwirkungen der Wesen auf einander wird aber der Zusammenhang des Weltalls gebildet, und dieses würde zusammenhanglos auseinanderfallen und kein geordnetes Ganzes sein können, wenn nicht in allen dasselbe constituirenden Wesen die Disposition zur räumlichen und zeitlichen Anschauung, oder irgend eine analoge Auffassungsform der anderen Wesen und ihres Wirkens, vorhanden wäre.

Die Disposition zur räumlichen und zeitlichen oder einer analogen Anschauung gehört daher mit zu dem metaphysischen Begriffe der Wesen, insofern diese als letzte constituirende Bestandtheile der Welt gedacht werden, und durch das Vorhandensein einer solchen Anschauung in den Wesen wird der Zusammenhang und die Ordnung des Weltganzen vermittelt.

Jetzt wird uns die Zähigkeit begreiflich, mit der die gewöhnliche Auffassung stets an der Unentbehrlichkeit des Raumes und der Zeit festhält, denn ohne dieselben könnten wir weder die Welt, noch uns selbst in der Welt, vorstellen. Jede Weltansicht ist in den Rahmen der Totalanschauungen des Raumes und der Zeit verzeichnet und erhält durch diesen Rahmen innere Gliederung, Ordnung und Zusammenhang. Durch die Annahme der Realität des Raumes und der Zeit wurde dieser Rahmen gleichsam materialisirt, und dessen wahre Bedeutung durch Zwischenschiebung eines ganz unpassenden Bildes verdeckt. Die Lehre von der Idealität des Raumes und der Zeit hat dieses unsere Weltansicht verwirrende und verfälschende Bild beseitigt, und uns das wahre Wesen und die wahre Bedeutung jenes alle unsere Vorstellungen zusammenfassenden Rahmens aufgedeckt.

Raum und Zeit, als Realitäten außer und zwischen den Wesen gedacht, erscheinen nicht blos unerklärlich und widersinnig in sich selbst, sondern widerstreiten der idealistischen Weltansicht, auf deren Geltung aller Werth des Wirklichen beruht.

Raum und Zeit, als Anschauungen in den lebendigen Wesen gedacht, erscheinen als consequenter Ausdruck des gesetzlichen Zusammenhanges aller Weltelemente und alles Geschehens, und damit in ihrer nothwendigen apriorischen Geltung als feste Stützen jener idealistischen Weltansicht, welche sich erst durch den Gedanken jener Gesetzlichkeit, als einer unentbehrlichen Voraussetzung der Realisirung des einheitlichen Weltzwecks zusammenschließt.

Die Lehre von der Idealität des Raumes und der Zeit hat uns nicht nur über die Art der Wirklichkeit des Raumes und der Zeit, sondern auch über deren wahre Bedeutung aufgeklärt, sie hat uns die Gründe der Unentbehrlichkeit der Raum- und Zeitanschauung für die Gestaltung des practischen Lebens, für die Bildung unserer Weltansicht und die Erreichung unserer Bestimmung, sie hat uns die Raum- und Zeitanschauung selbst als nothwendiges Glied in der teleologischen Ordnung des Weltprocesses nachgewiesen. Sie hat uns dadurch eine lichtvolle Perspective über die Natur alles Wirkens und über die Art seines inneren Zusammenhanges eröffnet, deren Ausdeutung der idealistischen Weltansicht erst eine feste Grundlage und eine innere Schlüssigkeit giebt, welche durch keinen anderen Versuch philosophischer Welterklärung bisher auch nur annähernd erreicht worden ist. Sie hat das Vorurtheil der Materialität der letzten Weltelemente beseitigt und in uns die Ueberzeugung befestigt, daß alle Elemente des Wirklichen geistiger Natur und geistigen Ursprungs seien, daß die Realität aller nur als Art des Fürsichseins eines einheitlichen persönlichen Wesens begreiflich sei, welches wir als substantiellen Grund aller Weltwirklichkeit betrachten müssen. Sie hat endlich das Gefühl der Allgemeinheit, Nothwendigkeit und Selbstverständlichkeit, mit welchem wir die Gesetzlichkeit der räumlichen und zeitlichen Beziehungen unmittelbar als wahr und gewiß in uns erleben, über die ganze Kette der Gründe erweitert, welche uns die aprioristische Geltung der Raum- und Zeitanschauung als nothwendige Consequenz der Einheit des Weltzwecks erscheinen ließen, indem sie uns die Ordnung der Raum- und Zeitanschauung als den Wiederschein des gesetzlichen Zusammenhanges des Weltganzen in unserer Vorstellungswelt erkennen lehrte.

Dies ist das positive Ergebniß der Erkenntniß der Idealität des Raumes und der Zeit für die Gestaltung unserer wissenschaftlichen Weltansicht. Wir können den Werth desselben nicht hoch genug veranschlagen. Diese Erkenntniß hat unsere Weltansicht nach allen Richtungen hin geläutert und geklärt. Sie läßt uns den Aufbau der idealistischen Weltansicht aus den ursprünglichen Erlebnissen unserer unmittelbaren Wahrnehmung in den Hauptzügen klar und übersichtlich erkennen. Sie überzeugt uns, daß nicht nur der Plan dieses Baues in den apriorischen Ideen und Voraussetzungen der Vernunft und des Gewissens in uns vorgezeichnet ist, sondern daß auch alle Regeln der Verknüpfung des Mannigfaltigen in den Kategorieen des Verstandes und der räumlichen und zeitlichen Anschauung, daß alle Baumaterialien dazu in den Empfindungen, Gefühlen und Strebungen unserer Natur gegeben sind, daß endlich der ganze Proceß der Bildung unserer Weltansicht in engster Verknüpfung mit der Entfaltung unseres Lebens überhaupt mit zu dem Ganzen des Weltprocesses gehört und einen Theil des Gesammtgeschehens bildet, welcher in diesem seinen Ursprung, seine bestimmten Veranlassungen und seinen bestimmten Zweck hat, daß daher unser Erkennen sich in gesetzlich bestimmter Weise nach dem wirklichen Geschehen in allen anderen Wesen richten muß, und daß eben deshalb unsere Weltansicht nicht ein eitler Traum, sondern daß sie in der That die Ansicht ist, welche die Welt, von unserem Standpunkte aus gesehen, uns wirklich darbietet.

Fassen wir Raum und Zeit als das, als was sie sich uns nach dem Ergebnisse jener Lehre darstellen, als Anschauungen der Ordnung und Zusammengehörigkeit alles Wirklichen, so vereinigen sie in uns alle zerstreuten Wahrnehmungen zu dem Ganzen einer geschlossenen Weltansicht, welche als eine Function der wirklichen an sich bestehenden Ordnung des Universums betrachtet werden muß, und unserem Leben und Wissen festen Halt und feste Gliederung giebt.

Drittes Kapitel.

Die Neugestaltung unserer sittlichen und religiösen Weltansicht.

Die befreiende, läuternde und reinigende Macht der Erkenntniß der Idealität des Raumes und der Zeit zeigt sich nicht blos in der Neugestaltung unserer theoretischen Weltansicht, sie ergreift nicht minder tief dasjenige Gebiet, in welchem der Schwerpunkt unseres Lebens und unserer Interessen ruht, das Gebiet der sittlichen und religiösen Vorstellungen.

Der tiefere, thatsächlich gegebene Grund dieser Vorstellungen liegt zwar in derjenigen apriorischen Anlage der menschlichen Natur, welche deren specifischen Character am reinsten und vollkommensten darstellt, auch bilden die aus diesem Grunde erwachsenen Ideen in Wahrheit die Grundlinien unserer ganzen theoretischen Weltansicht, und sind insofern von Anfang an maßgebend für die Gestaltung dieser, aber doch empfangen sie ihre concrete Verwirklichung erst durch die erfahrungsmäßige Ausbildung des Lebens und durch die Entwickelung des theoretischen Erkennens. Auch wenn wir jene Ideen noch so rein gestalten wollen, schöpfen wir nicht blos aus jenem Allerheiligsten des Menschenherzens, sondern verarbeiten nur die von hier empfangenen centralen Antriebe unter der steten Anregung und Einwirkung einer peripherischen Außenwelt der Dinge und Ereignisse, welche uns das Arbeitsfeld unseres Wirkens und Lebens darbietet. Diese phänomenalen Dinge und Ereignisse gehören als wesentlicher Bestandtheil mit zu dem Ganzen der Welt, in der wir leben und unsere sittliche Bestimmung zu erfüllen haben. Unsere sittlichen und religiösen Ideen stehen dieser phänomenalen Außenwelt nicht fremd und selbständig gegenüber, sie sind vielmehr in deren Verwirklichungsproceß mit eingeschlossen, und sollen uns deren Sinn und Zweck ausdeuten. Sie verfehlen daher ihre Aufgabe, wenn sie sich von dem Boden der gegebenen Weltwirklichkeit entfernen, und können nur dann selbst wahr und befriedigend sein, wenn sie sich mit den unabweisbaren Ergebnissen der Erfahrung und theoretischen Forschung zu einem harmonischen einheitlichen Ganzen verknüpfen. Wegen dieses innigen Zusammenhangs beider Richtungen menschlicher Geistesentwickelung bilden alle wahren Fortschritte des theoretischen Erkennens stets auch zugleich eine Bereicherung des sittlichen und religiösen Vorstellungskreises, selbst wenn damit eine theilweise Modification der bisherigen Auffassungsweise verknüpft sein sollte. Freilich ist solche Bereicherung nicht immer sogleich ersichtlich, sie wird vielmehr meistens durch einen Conflict eingeleitet, welcher den sittlichen und religiösen Glauben zu gefährden droht, und erst durch ein tieferes Verständniß des beide Gebiete betreffenden wahren Sachverhalts überwunden werden muß. Man erinnere sich in dieser Beziehung nur der Ausführungen des ersten Abschnitts. Durch den Fortschritt der modernen Naturerkenntniß wurde der ganze Vorstellungskreis, in welchem sich die religiösen und sittlichen Ideen entwickelt hatten, bis in seine Grundvesten erschüttert, aber jeder, der die durch die idealistische Weltansicht dargebotene Lösung dieses Conflicts sorgsam durchdacht hat, wird die große Bereicherung erkennen, welche jene Ideen durch die Erweiterung unseres wissenschaftlichen Gesichtskreises nach allen Richtungen hin, bei vollständiger Conservirung ihres inneren Gehalts, empfangen haben.

Noch viel einschneidender und tiefgreifender war, wie wir schon bei verschiedenen Anlässen in dieser Schrift gezeigt haben, der Widerstreit, welcher sich zwischen unseren sittlichen und religiösen Vorstellungen und der gewöhnlichen Annahme der Realität des Raumes und der leeren Zeit alsbald erhob, nachdem der Fortschritt des philosophischen Erkennens die Unklarheiten beseitigt hatte, welche die Consequenzen jener Annahme bisher ganz allgemein verdeckten. Die scheinbar widerstreitenden Ergebnisse der neueren Naturforschung richteten sich im Wesentlichen nur gegen die historische Form, in welcher sich die höchsten Ideen über Gott und unsere Bestimmung in der Welt gestaltet und durch lange Uebung befestigt hatten; die Annahme der Realität des Raumes und der Zeit trübt und zerstört jedoch den Inhalt dieser Ideen selbst. Ich brauche nur an schon Gesagtes zu erinnern, um diesen Conflict noch einmal im Zusammenhange und in seiner vollen Schärfe zu veranschaulichen.

Vergegenwärtigen wir uns zunächst noch einmal den Inhalt unserer sittlichen Ideen, wie uns derselbe im Gewissen mit zweifelloser Evidenz offenbart wird. Wir fühlen und erleben im Gewissen den unbedingten Werth dessen, was wir sollen, und dieses Gefühl des unbedingten Werths unserer Lebensbestimmung enthält eine ganze Reihe thatsächlicher Voraussetzungen über das objective Ganze der Welt, welche wir nicht aufgeben dürfen, ohne die thatsächlich unmittelbar als wirklich erlebte Grundlage des Gewissens selbst zu entkräften, deren übergreifende nothwendige und allgemeine Geltung wir daher mit demselben Gefühle unmittelbarer Evidenz in uns erleben, wie die Wahrheit der Verstandeskategorieen und der mathematischen Gesetze. Wir fühlen und erleben im Gewissen, daß der unbedingte Werth des Soll in uns nur darauf beruhen könne, daß wir durch die Erfüllung unserer sittlichen Lebensbestimmung den Weltzweck selbst in irgend welcher Weise zu fördern berufen sind, und daß der Weltzweck selbst nur auf die Herstellung eines Guts von unbedingtem Werthe gerichtet sein könne, daß der letzte Grund, Ursprung und Zweck alles Wirklichen unbedingt heilig, unbedingter Verehrung würdig sei. Dies Alles ist nur denkbar, wenn der ganze Weltproceß ein einheitlicher ist, dessen Einheitlichkeit nur in der Zusammengehörigkeit alles Geschehens und in der gemeinsamen Richtung desselben auf jenes eine unbedingt werthvolle Ziel bestehen kann, denn gäbe es irgend welche Momente unberechenbaren zufälligen Ursprungs, welche den Zweck der Weltbewegung principlos durchkreuzen, oder seine Richtung verändern könnten, so wäre der Weltproceß eben kein einheitlicher, und der zu realisirende Zweck nicht von unbedingtem Werth. Zwecke und Werthe können nur von lebendigen Wesen gehegt und empfunden werden, und obige Voraussetzungen können nur erfüllt sein, wenn der ganze Weltproceß als Leben eines allumfassenden persönlichen Gottes, und die Realität der Einzelwesen als

Art des Fürsichseins jenes Einen begriffen werden. Nur dadurch erklärt sich auch die Zusammengehörigkeit und Wechselwirkung aller Wesen, deren allumfassende Gesetzlichkeit sich dann als Ausdruck der inneren Consequenz des göttlichen Wirkens darstellt.

Allen diesen unabweislichen Voraussetzungen des Sittengesetzes widerstreitet die Annahme der Realität des Raumes und der leeren Zeit. Wäre der reale Raum die Existenzbedingung oder die reale Basis alles Wirklichen, so fehlte diesem, wie schon gesagt, jedes Princip innerer Zusammengehörigkeit und Concentration. Die Welt könnte dann nicht als Einheit, der Weltproceß nicht als einheitliches allumfassendes Leben eines persönlichen Gottes, die Einzelwesen könnten nicht als Momente des göttlichen Fürsichseins begriffen werden. Ebensowenig ist die göttliche Allmacht mit der Vorstellung des aller Weltwirklichkeit übergeordneten Verlaufs einer leeren Zeit verträglich. Alle Voraussetzungen des Sittengesetzes sind daher mit jenen gewöhnlichen und scheinbar ganz harmlosen Annahmen unvereinbar. Die innere Leerheit jener realen Mächte des Raumes und der Zeit, gepaart mit der alle Wirklichkeit umspannenden Bedeutung, welche man ihnen beilegte, muß, wenn man ihre Consequenzen sich voll vergegenwärtigt, eine Weltansicht erdrücken, deren Sinn nur durch Anerkennung des unbedingten Werthes eines inhaltvollen Weltzwecks und die alleinige Wirklichkeit des Lebendigen begreiflich wird.

Die gewöhnliche Annahme der Realität des Raumes und der Zeit kann nicht zusammen mit den Grundwahrheiten unserer sittlichen Weltansicht bestehen, auf deren Anerkennung aller Werth des Wirklichen beruht, und dies ist zunächst die negative Bedeutung der Erkenntniß der Idealität des Raumes und der Zeit, daß sie die Fesseln sprengt, welche eine Verwirklichung der sittlichen Weltansicht unmöglich machen, daß sie jenen Schein des materiellen Seins, als des ursprünglich Wirklichen auflöst, und die Lebendigkeit des Geistes als alleinigen Grund und als alleiniges Wesen alles Wirklichen aufzufassen zwingt.

Nicht minder wichtig, wenn auch mehr von theoretischer Bedeutung, sind die Aufklärungen, welche unsere sittlichen Vorstellungen durch die Erkenntniß des wahren Sinnes und der positiven Bedeutung der räumlichen und zeitlichen Anschauungsformen erfahren.

Dies fällt sogleich in die Augen, wenn wir uns der im Anfang des vorigen Kapitels entwickelten grundlegenden Bedeutung erinnern, welche jenen Formen für die Bildung unserer Weltansicht und für unser wissenschaftliches Erkennen innewohnt. Nur die Form des räumlichen Anschauens bot die Möglichkeit, andere Dinge überhaupt vorzustellen, sie mit uns und unter einander in Beziehung zu setzen. Auf dieser Möglichkeit beruht aber auch alle Ausbildung unserer körperlichen und geistigen Fähigkeiten, mithin die unabweisbare Vorbedingung der Erreichung unserer sittlichen Lebensbestimmung, wie alle practische Lebensführung überhaupt. Auch nur in der Form des zeitlichen Anschauens fanden wir das geeignete Mittel, die successiven Momente unseres Lebens in die Einheit unseres Selbstbewußtseins und unserer persönlichen Existenz zusammenzufassen, indem jene es ermöglicht, das Erlebte in der Erinnerung festzuhalten und im Bewußtsein mit dem Gegenwärtigen und der Vorstellung der daraus zu erwartenden Folgen zu verbinden. Mittelst der zeitlichen Anschauung werden wir uns dieser inneren Selbstbewegung als eines zusammenhängenden Processes bewußt, in dem unser Leben sich aufbaut und gestaltet, in dem sich die Reihe der Einzelmomente unseres Bewußtseins erst zur Einheit unseres Wesens zusammenschließt. Erst durch die zeitliche Anschauung werden wir in den Stand gesetzt, Erfahrungen zu sammeln, Ordnung und Gliederung in unsere Vorstellungswelt zu bringen, unsere Bestimmung zu erkennen und unseren Willen auf bestimmte Ziele zu richten, während unser Leben ohne sie in einem sinnlosen Taumel ohne jede Entwickelung verlaufen würde. Die Formen des räumlichen und zeitlichen Anschauens bilden daher eine nothwendige Vorbedingung des sittlichen Handelns, insofern sie unserem ganzen Vorstellungsleben Zusammenhang und einen inneren Halt geben, dessen Festigkeit in einer phänomenalen Consequenz jenes allgemeinen Princips der Ordnung und Gesetzlichkeit besteht, welches die Einheit und den inneren Zusammenhang des ganzen Weltprocesses vermittelt.

Jene Formen sind eine Vorbedingung nicht nur des sittlichen Handelns, das heißt der Geistesthätigkeiten, in denen sich dasselbe vollzieht, sondern auch des Bestehens der factischen Voraussetzungen, welche uns den Werth des sittlichen Handelns verbürgen, denn alle diese Voraussetzungen beruhen auf der objectiven Geltung jenes Princips der allgemeinen Ordnung und Gesetzlichkeit, welche an sich zwar als innere Consequenz des allumfassenden göttlichen Lebens gedacht werden konnte, deren Realisirung in dem factischen Bestande der Welt aber erst durch die weitere Annahme begreiflich wurde, daß das Vorstellungsleben aller diese Welt constituirenden Einzelwesen oder Momente des göttlichen Fürsichseins, durch zusammenstimmende Formen des räumlichen und zeitlichen Anschauens, oder ganz analoge Auffassungsweisen, geregelt sei. Wir begreifen jetzt, wie und wo jene Gesetzlichkeit in der Welt der lebendigen Wesen bestehen kann und besteht, und insofern verbreitet das durch die Erkenntniß der Idealität des Raumes und der Zeit erschlossene Verständniß des eigentlichen wahren Sinnes dieser Anschauungsformen ein helles Licht über alle jene Voraussetzungen, welche das Fundament der Ethik bedingen, und dieses Verständniß bildet eine neue Stütze der Ethik, deren Haltbarkeit durch die apriorische Gewißheit der räumlichen und zeitlichen Gesetze als ganz unerschütterlich bezeugt wird.

Noch viel unmittelbarer und augenfälliger ist die Läuterung, welche unsere religiöse Weltansicht durch die Erkenntniß der Idealität des Raumes und der Zeit erfährt.

Hier empfinden wir die Beseitigung der unsere religiösen Vorstellungen verwirrenden Bilder des realen Raumes und der realen leeren Zeit geradezu als Befreiung von einer drückenden Last, welche unser religiöses Leben beengt, indem sie die freie Entfaltung unserer Ideen über Gott und unser Verhältniß zu ihm hemmt, welche mit dem religiösen Gefühle viel inniger verwachsen sind, wie mit dem Gefühle der sittlichen Verpflichtung. Das letztere steht jenen Ideen viel selbständiger und unabhängiger gegenüber, denn das Arbeitsfeld seiner Bethätigung ist eben das practische Leben, es ist so festgewurzelt in dessen öffentlichen und privaten Einrichtungen, in der herrschenden Sitte und Denkungsart, und findet schon hierin einen so festen, durch Erwägungen der Nützlichkeit und Unentbehrlichkeit gekräftigten Halt, daß es noch lange auf eigenen Füßen stehen kann, wenn man auch, wie es jetzt Mode ist, von seinem tieferen Gehalte und seinen wahren Voraussetzungen einmal ganz absieht, obgleich diese ihm erst seine höhere Weihe geben. Anders das religiöse Gefühl. Dieses findet seinem Wesen nach erst in den Ideen über Gott und unser persönliches Verhältniß zu ihm seinen adäquaten Ausdruck. Diese Ideen sind nicht bloße Voraussetzungen desselben, sondern constituirende inhaltliche Momente seines eigenen Wesens, es wächst, lebt und entfaltet sich in ihnen. Zweifel an der Wahrheit jener Ideen bedrücken uns unmittelbar, weil sie dem religiösen Gefühl direct widerstreiten, weil dieses in ihnen seinen Halt und seine Stütze findet. Die Beseitigung solcher Zweifel befreit nicht nur unser religiöses Leben, sondern unser Leben überhaupt, da all unser Leben im religiösen Gefühl seinen tiefsten Grund hat, der alle seine Inhalte und Interessen erst zu dem macht, was sie sind und sein sollen, der sie erst adelt und menschenwürdig macht. Eine Verflachung und Verödung des religiösen Lebens entzieht daher allen Interessen und Bestrebungen ihre specifische Kraft und ihren specifischen Gehalt, sie verflacht und verödet das Leben überhaupt, sie ist insbesondere die Brutstätte jener pessimistischen Theorien, deren weite Verbreitung gegenwärtig eine Verirrung der Zeitrichtung signalisirt, welche sich immer mehr von der religiösen Grundlage entfernt. Es ist jetzt in manchen Kreisen an der Tagesordnung, Alles, was irgendwie das religiöse Interesse betrifft, von vorn herein und ganz unbesehen mit geflissentlicher Mißachtung zu behandeln, gerade als könne man seinen Scharfsinn nicht deutlicher als durch eine ethische und religiöse Bedürfnißlosigkeit beweisen, welche doch im Grunde nur ein Merkmal der Trivialität und Geistesarmuth ist; als beruhe das Heil der Welt darin, daß man sich gänzlich von dem emancipire, was verständige und vorurtheilsfreie Untersuchung als alleinigen Grund und Inhaltsquell aller Weltwirklichkeit erkennen lehrt.

Diesen Verirrungen gegenüber kann man nicht energisch genug darauf hinweisen, wie schon die bloße Verdeutlichung dessen, was wir unmittelbar im Gewissen erleben, zu der Einsicht führen muß, daß alle Voraussetzungen des Sittengesetzes nur auf dem Grunde derjenigen religiösen Ideen bestehen können, welche bislang in den Grundvorstellungen der christlichen Religion ihren zutreffendsten Ausdruck gefunden haben.

Betrachten wir nämlich jene Voraussetzungen der Geltung des Sittengesetzes im Zusammenhange, und erinnern uns an das im 2. Theil des 1. Abschnittes Gesagte, so kann uns nicht entgehen, daß alle jene Voraussetzungen sich zu einander verhalten wie Radien eines Kreises, die nach demselben Centrum zusammenlaufen. Das Verständniß dieses Centrums enthüllt uns dann erst ihr gemeinsames Bildungsgesetz, und lehrt uns den wahren Grund des unbedingten

Werthes erkennen, welchen wir dem Weltzwecke beizulegen genöthigt waren, um die verbindliche Kraft des Sittengesetzes zu erklären. Dieses Centrum ist die Idee der alle Weltwirklichkeit in sich schließenden lebendigen Persönlichkeit Gottes, von dem alle endlichen Wesen ihr Dasein zu Lehn tragen. In dieser Idee finden alle jene Voraussetzungen ihren Schlußpunkt, der ihren gegenseitigen Zusammenhang erklärt, und die formalen Anforderungen, welche sie aufstellen, mit den erwärmenden Strahlen eines positiven Inhalts von unbedingter Hoheit und Heiligkeit erfüllt.

Schon die Lösung des Problems der Wechselwirkung führte zu der Einsicht, daß nur ein einheitliches lebendiges Wesen als substantieller Grund alles Wirklichen betrachtet werden könne. Der Versuch, den Begriff des Wirklichen und Wirksamen in der Welt aus dem gegebenen Thatbestande der unmittelbaren Lebenserfahrungen metaphysisch richtig und sachgemäß zu formuliren, führte uns ferner zu der Einsicht, daß die Realität der Einzelwesen nur als eine Art des Fürsichseins Gottes gedacht werden könne, denn unser Leben verläuft in einer zusammenhängenden Reihe von Bewußtseinsacten, und jeder Bewußtseinsact ist seinem Wesen nach ein Act des Fürsichseins, ein Act lebendiger Rückbeziehung auf sich selbst. Absolut selbständig können aber die Einzelwesen nicht sein, die Welt kann nicht aus einer Vielheit selbständiger Wesen bestehen, denn sonst könnten diese nicht auf einander wirken, und jedes müßte die ganze Welt, welche ihm erscheint, aus sich selbst selbstschöpferisch hervorbringen. Die Gesetzlichkeit des Zusammenhauges aller Einzelwesen und ihrer Wirkungen konnte nur als innere Consequenz eines einheitlichen, alles Wirkliche umfassenden göttlichen Wesens begriffen, und nur durch die gemeinsame Richtung alles Geschehens auf einen einheitlichen Endzweck erklärt werden. Vor Allem aber: Der Inhalt des Weltzweckes selbst war nur verständlich als ein fühlbarer und erlebbarer Werth. Nur ein lebendiges persönliches Wesen kann solchen Werth in sich erleben und Zwecke hegen, welche die Richtung seines Wollens und Schaffens bestimmen. Das eine absolute Wesen, welches wir als einheitlichen substantiellen Grund aller Weltwirklichkeit voraussetzen mußten, kann daher nur als Persönlichkeit gedacht werden.

Persönlichkeit legen wir einem lebendigen Wesen dann bei, wenn es seine wechselnden Zustände in der Einheit ein und desselben Bewußtseins zusammenzufassen vermag. Durch die lebendige Erinnerung faßt ein solches Wesen die Einzelmomente seiner Existenz erst zu einer Einheit höherer Art zusammen. Die vergangenen Phasen seines Daseins gehen nicht verloren, sonderu werden in der Erinnerung aufbewahrt und bilden in dieser Gestalt mitwirkende Factoren des ferneren Lebens, während auch die consequent daraus zu erwartenden Folgen auf die Gestaltung des Gegenwärtigen ihren Einfluß geltend machen. In dieser zusammenfassenden Thätigkeit des Beziehens seiner Daseinsmomente auf einander besteht der Character der Persönlichkeit aller Wesen, denen wir dieses Prädicat beilegen. Es liegt in der Natur dieser Thätigkeit kein Grund, sie in irgend welcher Weise beschränkt zu denken; sie kann nur einzelne, sie kann alle Daseinsmomente des betreffenden Wesens umfassen und zur Einheit der Persönlichkeit zusammenschließen. Je intensiver und reicher diese zusammenfassende Thätigkeit in einem Wesen ausgebildet ist, je weiter es in seiner Erinnerung zurückgreifen, je lebendiger es das früher Erlebte sich wieder zu vergegenwärtigen, je erfolgreicher es die zukünftigen Ereignisse zu berechnen vermag, je vollständiger, inniger und fester sich daher alle wechselnden Zustände seines Lebens zur Einheit bewußter persönlicher Existenz zusammenschließen, in um so höherem Maße wird einem solchen Wesen das Prädicat der Persönlichkeit gebühren. Es wird ihm im höchsten Maße gebühren, es wird absolute, vollkommene Persönlichkeit sein, wenn es alle seine Daseinsmomente, die gewesenen, gegenwärtigen und die consequent daraus folgenden in der Einheit seines Bewußtseins zusammenzufassen vermag.

Müssen wir nun alle Einzelwesen als Momente des Fürsichseins der göttlichen Substanz, und die Gesetzlichkeit in dem Zusammenhange aller ihrer Wirkungen als innere Consequenz des göttlichen Lebens denken, soll ferner alles Geschehen sich zur Einheit eines Weltprocesses durch die gemeinsame Richtung auf das höchste Ziel der Weltentwickelung zusammenschließen, so kann das nur dadurch geschehen, daß Gott alle Phasen seiner Existenz, alle Momente seines Fürsichseins, in der Einheit seines Selbstbewußtseins umfaßt, daß ihm alle Consequenzen seines Wesens in lebendiger Klarheit gegenwärtig sind, daß der unbedingte Werth des Endzweckes alle Richtungen seines Schaffens und Wirkens erfüllt und bestimmt, daß mit einem Worte alle Momente seines Lebens sich zu einer allumfassenden Einheit höchster Potenz, zur Einheit absoluter vollkommener Persönlichkeit vereinigen.

Nur diese denkbar höchste Form der Wirklichkeit, dieser umfassendste und doch zugleich concentrirteste Ausdruck des Einheitsbegriffs, nur die Idee absoluter vollkommener Persönlichkeit vereinigt alle unsere Vorstellungen über das wahre Wesen Gottes zu dem Ganzen eines abschließenden Begriffs, der uns in um so höherem Maße verständlich wird, je vollständiger wir alle jene diesen Begriff constituirende Voraussetzungen über das wahre Wesen Gottes klar und consequent bis zu Ende denken.

Um jedoch die Idee Gottes als absoluter vollkommener Persönlichkeit voll und plastisch in uns zu concipiren, um sie nicht blos als theoretisches abschließendes Ideal des Denkens, sondern als lebendige Wirklichkeit und concentrirten Inhaltsausdruck alles Wirklichen zu begreifen, um der Heiligkeit Gottes inne zu werden, müssen wir nicht blos jene theoretischen Voraussetzungen des Sittengesetzes consequent bis zu Ende denken, sondern uns zugleich des lebendigen concreten Inhalts der Weltwirklichkeit erinnern, den die innere Lebenserfahrung, die Wissenschaft und der Lauf der Geschichte thatsächlich hervorgebracht haben. Diese Inhalte lassen sich nicht vollständig in Begriffe übersetzen, sondern nur im gegenwärtigen Gefühl oder in der lebendigen Reproduction der Erinnerung erleben. Im Gefühl offenbaren sich die Inhalte und Werthe des Lebens, das Denken dient nur dazu, diese Inhalte in das richtige gegenseitige Verhältniß zu setzen, sie zu gliedern, zu ordnen und zu verbinden, und durch alle diese Denkprocesse die relative Bedeutung jener Inhalte zu ermessen, sie nutzbar zu machen für unser Leben und sie übersichtlich zu dem Gesammtbilde unserer Weltansicht zusammenzugliedern.

Erfüllen wir nun jene theoretischen Voraussetzungen, welche in der Idee Gottes ihren Abschluß fanden, mit der Erinnerung an die lebendigen Inhalte, welche zu deren Aufstellung nöthigten, und suchen wir dadurch den abstracten Begriff der vollkommenen Persönlichkeit zu beleben und in einen concentrirten Gefühlsausdruck zusammenzufassen, so wird uns offenbar, daß das, was wir hier auf theoretischem Wege mühsam zu erreichen suchen, practisch längst in viel vollendeterer Gestalt als eine beglückende Mitgift unserer Natur in uns vorhanden und entwickelt ist. Wir werden dann inne, daß die Conception der Idee Gottes sich nur in dem Inhalt und der Form des religiösen Gefühls vollenden kann, daß dieses im

Gemüthe aller Menschen schlummernde Gefühl nur geweckt zu werden braucht, um alsbald in vollem Glanze hervorzubrechen, und als die wahre erwärmende Lebenssonne alles andere zu überstrahlen, Licht, Leben und Farbe über alle Inhalte unseres Gesichtskreises zu verbreiten. Das religiöse Gefühl bildet den Abschluß und die Krönung des sittlichen. In ihm erleben wir mit siegesgewisser Klarheit den unbedingten Werth dessen, was dem Sittengesetze in uns die verbindliche Kraft giebt, weil wir in ihm des vollen Eindrucks der Majestät und Heiligkeit Gottes uns bewußt werden. Wir erleben im religiösen Gefühl, daß wir selbst göttlichen Wesens sind, daß Gott in uns lebt und wir in ihm, daß ein Strahl des göttlichen Lebens auch uns ins Dasein gerufen hat, daß dieser Strahl des göttlichen Lebens noch beständig den substantiellen lebendigen Inhaltskern unseres Wesens bildet, daß die Göttlichkeit unserer Naturanlage der wahre Grund der Apriorität unserer höchsten Gefühle und Gedanken ist, daß wir aus dieser göttlichen Naturanlage im Gewissen die Idee unserer Lebensbestimmung schöpfen und daß wir durch die Erfüllung dieser Bestimmung an dem Ganzen des Weltprocesses und an der Erreichung des Weltzwecks mitzuarbeiten berufen sind. Es offenbart sich uns im religiösen Gefühl, daß der höchste Inhalt des Weltzwecks die Liebe ist, und daß alle Inhalte und Werthe des Lebens nur diesem göttlichen Urquell alles Daseins entspringen können.

Diesen abschließenden Gedanken der philosophischen Weltbetrachtung, welche im religiösen Gefühl ihren höchsten Ausdruck und ihre volle Bestätigung finden, wird durch die Erkenntniß der Idealität des Raumes und der Zeit die Bahn frei gemacht.

Nichts widerstrebte der Auffassung Gottes als Persönlichkeit so sehr, als die entgegengesetzte Annahme der Realität des Raumes und der Zeit. Sollte Gott die Substanz aller Weltwirklichkeit und doch zugleich ein unendlich ausgedehntes Wesen sein, so konnte er nicht mehr als Persönlichkeit gedacht werden, denn die unendliche Ausdehnung widerstrebte der Concentration seines Wesens in die allumfassende Einheit eines persönlichen Wesens und persönlicher Existenz. Sollte der Verlauf einer realen leeren Zeit allem Geschehen übergeordnet sein, so konnte Gott nicht als der Grund alles Wirklichen, als das einzige Princip alles Wirkens und Geschehens gedacht werden.

So lange Raum und Zeit als Realitäten ihrer eigenen räthselhaften Art zwischen den Wesen gedacht wurden, war es unmöglich, die Wechselwirkung dieser zu begreifen, und sie selbst als Modi göttlichen Fürsichseins in der substantiellen Einheit Gottes verbunden zu denken. Der reale Raum und die reale leere Zeit erschienen wie ein dunkler Rest materieller Existenz, welcher mit dem metaphysischem Grundbegriffe des Wirklichen unvereinbar war, und sich in den göttlichen Organismus des Weltganzen nicht eingliedern ließ. Die Erkenntniß der Idealität des Raumes und der Zeit beseitigte diesen Rest durch den Nachweis seiner phänomenalen Natur, und es wurde nun das Evangelium des Idealismus zur Wahrheit, daß nur das Lebendige wirklich, und alle Weltwirklichkeit nur aus den Zwecken und Werthen des Lebens verständlich sei.

Dies ist jedoch nur das Ergebniß der negativen Consequenzen jener Erkenntniß, nicht minder wichtig sind auch hier die Aufklärungen, welche sich aus dem Verständnisse des wahren Sinnes und der positiven Bedeutung der räumlichen und zeitlichen Anschauungsformen ergeben.

Werden Raum und Zeit nicht als Realitäten für sich und zwischen den Wesen, sondern als Totalanschauungen in ihnen aufgefaßt, so stellen sie sich in ihrer wahren Bedeutung als das dar, was sie sind, als phänomenale Ausdrucksformen der allgemeinen Gesetzlichkeit in dem Zusammenhange und den wirklichen Beziehungen aller Wesen und alles Geschehens. Dieser Gedanke der allgemeinen Gesetzlichkeit widerstreitet nicht der Idee der absoluten Persönlichkeit Gottes, sondern bildet umgekehrt ein nothwendiges constituirendes Moment dieser Idee, ohne welches dieselbe gar nicht gedacht werden kann. Die Apriorität jener Anschauungsformen überzeugt uns jetzt, nachdem wir ihren wahren Sinn begriffen haben, daß jene allgemeine Gesetzlichkeit, welche die wahren Beziehungen der Dinge und die wahren causalen und teleologischen Zusammenhänge aller Ereignisse regelt, in demselben umfassenden Maße auch unser ganzes Vorstellungsleben beherrscht, indem vermittelst jener Anschauungsformen der Erscheinung und Vorstellung eines jeden Dinges ein den wahren Beziehungen desselben zu uns und allen übrigen Wesen entsprechender bestimmter Ort in unserem phänomenalen Weltbilde, und jedem Ereignisse ein seinem wahren causalen und teleologischem Zusammenhange im ganzen Weltprocesse entsprechender bestimmter Zeitpunkt in unserer Vorstellung des Gesammtverlaufes alles Geschehens angewiesen wird. Raum und Zeit erscheinen uns jetzt nicht mehr als fremde, unser Leben einengende Schranken, die Localisirung aller Dinge und die unabänderliche Zeitfolge aller Ereignisse erscheinen uns nicht mehr als Wirkungen eines blinden Fatums von unerklärlichem Ursprunge, sondern wir begreifen sie, nachdem wir ihr wahres Wesen erkannt haben, als ein heilsames und unentbehrliches Princip der Ordnung, welches unser Leben regelt und seinen inneren Zusammenhang herstellt, als einen phänomenalen Wiederschein der inneren Consequenz des göttlichen Allebens, in dessen Verwirklichungsproceß wir selbst mit eingeschlossen sind. Wir begreifen nun, wie die räumliche und zeitliche Ordnung, welche den festen Rahmen der individuellen Gestaltung unseres Lebens bildet, nicht ein äußerlicher Zwang, sondern daß sie eine Einrichtung ist, welche demselben Quell entspringt, den wir als Ursprung alles Guten und Heiligen verehren, und daß sie selbst eine nothwendige Vorbedingung der Verwirklichung des letzteren bildet. Dies ist der wesentlichste Fortschritt der durch die Erkenntniß der Idealität des Raumes und der Zeit herbeigeführten neuen Auffassungsweise, daß wir jene Ordnung als göttliches Gesetz verstehen lernen, welches die Erfüllung unserer individuellen Lebensaufgabe überhaupt erst ermöglicht, anstatt sie zu hemmen und einzuschränken.

Durch diese Einsicht fällt eine Scheidewand, welche der Glaube an die Realität des Raumes und der Zeit zwischen Gott und allen Wesen, und zwischen diesen selbst, errichtet hatte. Wir begreifen nach deren Beseitigung die Möglichkeit thatsächlicher Realisirung dessen, was wir im religiösen Gefühl längst als wirklich erlebt hatten, daß wir in Gott wahrhaft leben, weben und sind, daß wir von Gott und allen anderen Wesen durch keine anderen Schranken getrennt sind, als welche die göttliche Weisheit selbst in unserem eigenen und im Interesse aller anderen Wesen aufgerichtet hat.

Durchdringen wir uns voll und ganz mit der Tiefe dieser Erkenntniß, so fühlen wir uns erst recht wohl und heimisch in der Welt, deren ganzer Bau in allen seinen Bestandtheilen und Einrichtungen uns nun ganz allein durch göttliche Allmacht und Weisheit bestimmt erscheint, so verbreitet sich eine überraschende Klarheit über das ganze Gebiet unserer religiösen Vorstellungen, insbesondere über unsere

Auffassung Gottes und unseres Verhältnisses zu ihm. Wir können jetzt die Allmacht, die Allweisheit, die Allgegenwart und die Alliebe Gottes, deren Wirklichkeit uns bisher nur als unbestimmte Ahnung im religiösen Gefühl offenbar wurde, ihrer Möglichkeit und ihrem Wesen nach begriffsmäßig schärfer präcisiren und klarer vorstellen, da die Begreiflichkeit aller dieser Prädicate bislang stets durch unvermeidliche Zwischenschiebung der Vorstellungen des realen Raumes und der realen leeren Zeit verdunkelt wurde. Unsere Vorstellung mußte bisher nothwendig bei dem Gedanken erlahmen, daß Gott, den wir doch nicht selbst ausgedehnt denken können, nichtsdestoweniger in allen den in einem unendlichen realen Raume vertheilt gedachten Wesen gegenwärtig, daß er der substantielle Grund derselben, und daß dieses ganze räumlich und zeitlich unendlich ausgedehnte Weltall seine Schöpfung, und durch seine Weisheit geordnet sei.

Jetzt, nachdem wir die ideale Natur des Raumes und der Zeit, und diese selbst als göttliche Einrichtungen erkannt haben, steht dem abschließenden Gedanken unserer metaphysischen Ueberlegungen, daß die lebendige Persönlichkeit Gottes als alleiniger substantieller Grund aller Weltwirklichkeit betrachtet werden müsse, keine Schwierigkeit mehr entgegen. Daraus folgt dann ganz von selbst die Allmacht und Allweisheit Gottes, denn alles Wirkliche und alle Einrichtungen der Welt sind dann göttlichen Ursprungs und göttlichen Wesens, in allem Wirken und Geschehen pulsirt göttliches Leben, nichts kann sein und geschehen ohne ihn. Selbst die freien Handlungen der Geschöpfe können die göttliche Ordnung nicht stören, denn der ganze Spielraum ihrer Wirksamkeit, alle Eventualitäten ihres Wollens und alle Grenzen ihres Vollbringens sind von vorn herein in den göttlichen Schöpfungsplan einbegriffen und in ihrem ganzen Verlaufe vorgesehen. Es giebt keine räumliche und zeitliche Grenze, keinen Anfang und kein Ende des göttlichen Wirkens, denn Raum und Zeit sind, wie die Erkenntniß ihres wahren Wesens lehrt, nicht vorweltliche Mächte, welche das göttliche Leben einengen, sondern sie selbst sind Consequenzen dieses Lebens, welches das ganze Gebiet des Wirklichen erst hervorgebracht hat, aus dessen Entwickelung, gleichsam als ein Product zweiter Hand, die Anschauungen des Raumes und der Zeit in uns entstehen. Es sind keine fremde außerweltliche Mächte und Kräfte denkbar, welche den göttlichen Weltproceß stören oder durchkreuzen könnten, denn alles denkbare

Wirkliche ist ja eben göttlichen Ursprungs und in das göttliche Wesen eingeschlossen. Was auf Gott wirken kann, ist er selbst oder sein Werk. Außer ihm ist Nichts. Seine Macht und Weisheit ist Allmacht und Allweisheit, weil sie alles Wirkliche und Denkbare umfaßt und in sich trägt.

Auch der weitere abschließende Gedanke unserer metaphysischen Untersuchungen über die Natur des Realen und den Begriff der Realität, daß nämlich alle Wesen nur als Momente des göttlichen Fürsichseins wirklich sein können, erscheint jetzt nicht mehr befremdlich. Es ist daher ganz selbstverständlich: daß Gott in allen Wesen gegenwärtig ist. Er ist allgegenwärtig. Er lebt, webt und ist in Allen, alle weben, leben und sind in ihm. Es ist Nichts, was außerhalb des göttlichen Wesens und Gesichtskreises liegen könnte, denn Alles ist in ihm. Es ist Nichts, was ihm näher oder ferner wäre, denn Nahe und Fern sind Begriffe, welche nur in den Verhältnissen der endlichen Wesen zu einander verwirklicht werden können, welche nicht allgegenwärtig, sondern denen ihre bestimmten Orte durch die Gesammtheit ihrer Beziehungen zu allen übrigen Wesen in jedem Augenblicke vorgezeichnet sind.

Auch das intellectuelle Verständniß der Alliebe Gottes gewinnt jetzt einen greifbaren Boden. Obzwar wir über die Motive, welche Gott veranlaßt haben könnten, die Welt zu schaffen, nicht durch wissenschaftliche Erkenntniß unterrichtet werden können, sondern nur dem Antriebe unseres religiösen Gefühls folgen, indem wir die Liebe als einzig denkbares Motiv der Schöpfung voraussetzen, so wird uns doch soviel klar, daß diese Liebe, wenn wir uns in jener Voraussetzung nicht irren, nothwendig Alliebe sein muß, da alle Geschöpfe dem Willen Gottes ihre Entstehung und jeden weiteren Augenblick ihres Lebens verdanken.

Alle diese Vorstellungen über das Wesen Gottes erhalten zwar ihre Vollendung und ihre Weihe, ja ihren eigentlichen Inhalt und Werth erst im religiösen Gefühl, welches, als ein thatsächliches Moment unserer Naturanlage, sich nicht vollständig beschreiben und in Worte übersetzen, sondern nur erleben und nur dadurch mittheilen läßt, daß man auf das Erlebte hinweist, aber dieses Gefühl verlangt doch seinem Wesen nach einen bestimmten Kreis von Gedanken und Vorstellungen, in dem es sich befestigen und seine Stütze finden kann. Diese Befestigung und Stütze ist unentbehrlich, da sie allein uns ein sicheres Mittel an die Hand giebt, die Richtung und Entwickelung des religiösen Gefühls zu leiten, und dasselbe, wenn auch in beschränktem Maße, willkürlich in uns zu reproduciren und dadurch dessen practische Verwendung für unser Leben zu sichern. Dasselbe wird dadurch unabhängiger von momentanen Stimmungen und über das Gebiet schwankender und unbestimmter Ahnung in die schärfer fixirte Sphäre des wissenschaftlichen Erkennens erhoben; es erlangt in seiner gedankenmäßigen Ausgestaltung selbst gleichsam einen sichtbaren Körper, der sich in das Ganze unserer Weltansicht verständlich eingliedert und dadurch selbst wieder an innerer Festigkeit gewinnt. Es erhellt hieraus, daß die Läuterung und Klärung des Vorstellungskreises, in welchem sich das religiöse Gefühl befestigt hat, auch erweiternd, belebend und kräftigend auf dieses selbst, und damit auf das religiöse Leben überhaupt, zurückwirken muß, und daß der Erkenntnißwerth der vorerwähnten Aufklärungen über die Idee Gottes insofern nicht zu unterschätzen ist.

Mag man jedoch den Erkenntnißwerth dieser Aufklärungen wegen der alles menschliche Begriffsvermögen so weit übersteigenden Erhabenheit Gottes immerhin noch für gering achten, diese Aufklärungen haben jedenfalls insofern eine eminente practische Bedeutung, als sie auch die Vorstellung unseres Verhältnisses zu Gott mitbestimmen helfen, diese aber unser religiöses Gefühl ganz unmittelbar und direct beeinflußt.

Religiöses Gefühl im wahren Sinne des Wortes kann überhaupt nur dann in uns lebendig werden, wenn wir Gott als einen würdigen Gegenstand unseres Vertrauens, unserer Hingabe und Liebe betrachten, und uns zugleich vorstellen, daß irgend eine Abhängigkeit oder wenigstens die Möglichkeit einer Communication zwischen ihm und uns stattfinde. Wir können keinen bloßen Begriff lieben, keiner bloßen Abstraction, keiner unpersönlichen Substanz uns vertrauensvoll hingeben, oder Trost und Erquickung in der Vorstellung eines Wesens finden, das uns gänzlich unnahbar und in solcher Weise über uns erhaben ist, daß es sich um uns gar nicht bekümmert. Eben deßhalb ist der Glaube an einen persönlichen, guten und heiligen Gott, in dem wir leben, weben und sind, eben deßhalb ist die Auffassung der ganzen Welt als eines Reiches Gottes, der sittlichen Gesetze als göttlichen Willens, und unserer selbst als Kinder Gottes, die unabweisliche Vorbedingung alles religiösen Lebens, insoweit solches diese Bezeichnung überhaupt verdienen soll. Dieser ganze, unser Verhältniß zu Gott bestimmende und unser religiöses Gefühl belebende Vorstellungskreis hat durch die Erkenntniß der Idealität des Raumes und der Zeit eine überraschende Klärung erfahren. Es ist offenbar, daß Gott uns dadurch näher gerückt ist, daß wir uns jetzt eine annähernde Vorstellung von dem machen können, an dessen Wirklichkeit wir bisher nur glaubten, ohne sie recht zu begreifen, von der Allmacht, der Allweisheit, der Allgegenwart und der Alliebe Gottes. Wir können uns jetzt keinen innigeren Grund der Verbindung mit Gott denken, als die völlige Wesensgemeinschaft, welche uns die Einsicht erkennen lehrt, daß unsere Realität nur darin besteht, daß Gott in uns auf besondere Art für sich ist, das heißt, daß wir in Gott für uns sind, daß wir also unserem ganzen Wesen nach in Gott gegründet sind, ohne in ihm aufzugehen. Wir fühlen uns nun ganz und gar in der Hand Gottes, keine andere Macht kann unser Schicksal bestimmen oder ändern als nur Gott allein, und wir müssen ihm vertrauen, daß er unser Schicksal, insoweit es unserer Willkür und unserem Gesichtskreise entzogen ist, in einer Weise eingerichtet habe, welche unserer Naturanlage und den in und mit dieser gegebenen Voraussetzungen der Vernunft und des Gewissens entspricht. Solche Wesensgemeinschaft überzeugt uns auch nicht nur von der beständigen Gegenwart Gottes in uns, sondern auch von unserer Gegenwart in Gott. Der Communication zwischen Gott und uns ist daher keine ersichtliche Schranke gezogen, wir brauchen uns ihm nur im Gebet zu nähern, um ihn ganz zu finden, wenn wir ihn recht suchen, und Gott offenbart uns sein wahres Wesen in der Andacht, in der Beseligung und in dem Troste, welche uns das Gebet spendet. Ich kann diese Wirkungen hier nur andeuten und muß meinen Lesern überlassen, sich dieselben noch klarer zu vergegenwärtigen, da sie zu sehr in das Gebiet unmittelbarer persönlicher Lebenserfahrung eingreifen, deren Inhalt sich kaum anders als durch Umschreibungen und Bilder mittheilen läßt.

Fassen wir das Gesagte noch einmal zusammen, so ergiebt sich als Resultat unserer Betrachtungen, daß die Erkenntniß der Idealität des Raumes und der Zeit nicht nur eine Schranke beseitigte, welche die freie Entwickelung unserer religiösen Vorstellungen hemmte, sondern daß sie sogar durch

Erschließung des wahren Sinnes und der positiven Bedeutung der räumlichen und zeitlichen Anschauungsformen den Inhalt jener Vorstellungen, insbesondere unserer Vorstellung Gottes und des Verhältnisses der endlichen Wesen zu diesem, in einer Weise aufklärte, welche eine directe Bereicherung des religiösen Lebens zur Folge hat.

Kolibri 360 GmbH
Ferdinand-Jühlke-Straße 7
99095 Erfurt, Deutschland
produktsicherheit@kolibri360.de